もっと知りたい川のはなし

末次 忠司 著

鹿島出版会

もっと
知りたい
川のはなし

まえがき

川がテレビやインターネットで話題になるのは、ゴマちゃんなどのアザラシが出没したり、洪水被害が発生したときぐらいである。昔、川は生活（生活用水、洗濯）や産業（田圃の水、染色）など、私たちに密接に関係していて、みんなにとって重要な場所であった。それが世の中の関心事が増えるにつれ、また自然から離れた都市生活を志向する傾向が強くなるにつれ、人々は川から疎遠になってきた。

しかし、川の水は人間の生活の基礎を支え、産業の重要な資源であるという点では、今も昔も変わっていない。また、洪水が発生したときに迅速かつ安全な対応を行うためにも、川のことをもっともっと知ってもらう必要がある。著者はこれまで全国の川を見て、ある時は河道計画についてアドバイスし、またある時は治水対策の提言を行ってきた。その経験を生かして、技術論ではなく、まさに住民河川論としての河川事典を刊行しようと考えた。河川に関心を持ってもらうことが、今後の川のあり方を考えるにあたって重要であると考えたからである。そこで、全国42の事例を現地で取材するなどして調査・整理し、本書にとりまとめた。

河川のプロには物足りない内容もあるかもしれないが、プロとアマチュアの中間層読者を対象としているので、ご容赦願いたい。また、なかにはマニアックな話題もあるが、いろいろな人に興味を持ってもらうために、あえて取材して、掲載することとした。現地へ足を運ぶ読者のために、アクセスマップや寄り道情報も掲載した。また、付録として、河川名の語源、おもしろい名前の河川、おもしろい河川等の標識を掲載したほか、さらに詳しく河川のことを知りたい読者のために、河川の特徴データベースを掲載した。

本書を読んで、「川っておもしろい」「川って不思議だ」などの印象を持っていただければ、そして、川に関心を持ち、川のファンになってもらえれば、著者として幸甚である。

本書で目指したこと

●もっと多くの人に、河川への関心を持ってもらい、河川のことを知ってもらう→川っておもしろい、川って不思議だと思ってもらう。

●河川の応援団になってもらう。

●想定する読者層は一般の大学生～中年層（アマチュアとプロの中間）とした。

●現地を見に行きたい人のためのアクセスマップも付けた。

●現地で手に持ちやすいよう、ポケット版とした。

平成26年5月

末次 忠司

探訪河川名所一覧図

羽地ダム（P.117）
日本一短い川（P.105）
畳堤
（P.26）
富山空港
（P.56）
畳堤
（P.27）
八岐大蛇
（P.85）
住吉灯台
（P.80）
錦帯橋
（P.16）
二層式河川
（P.46）
沈下橋（P.34）
筑後川昇開橋（P.31）
第一白川橋梁（P.107）
通潤橋（P.89）
長良川
河口堰
（P.120）
潜り橋（P.36）
日本一
短い支川（P.105）
川湯温泉（P.60）
畳堤
（P.25）
肱川あらし（P.93）

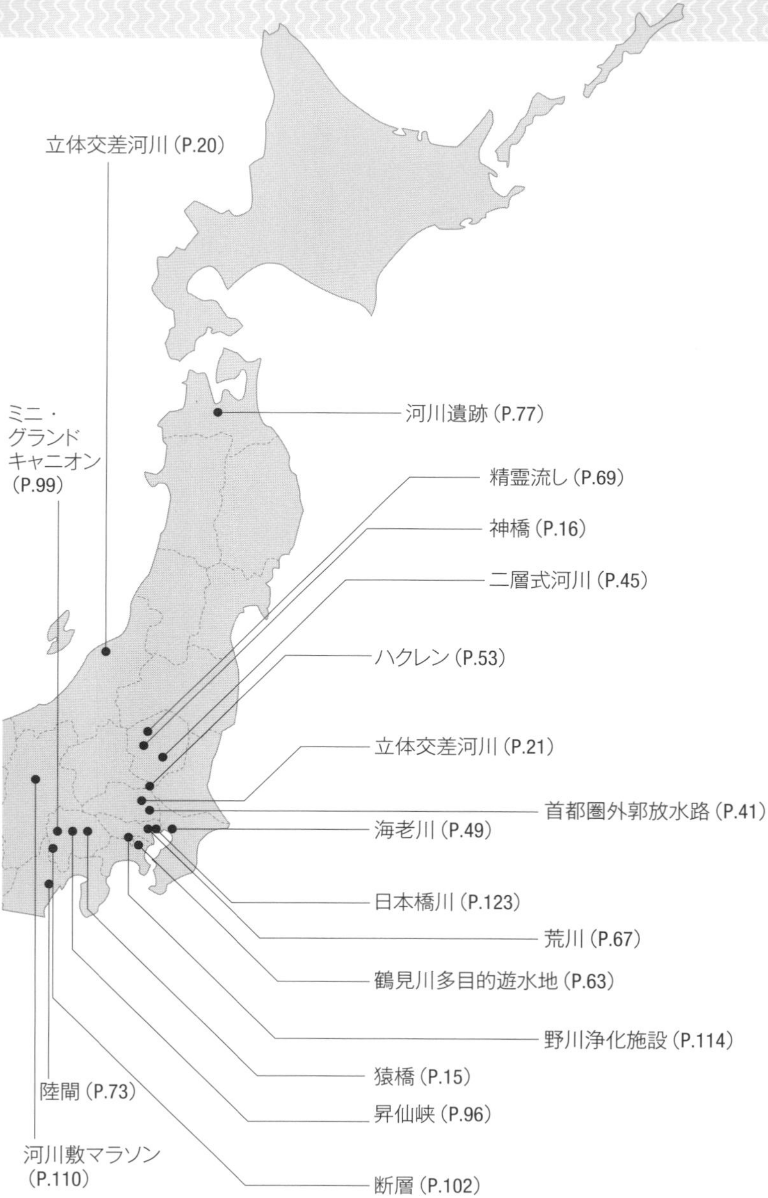
立体交差河川（P.20）
ミニ・
グランド
キャニオン
（P.99）
河川遺跡（P.77）
精霊流し（P.69）
神橋（P.16）
二層式河川（P.45）
ハクレン（P.53）
立体交差河川（P.21）
首都圏外郭放水路（P.41）
海老川（P.49）
日本橋川（P.123）
荒川（P.67）
鶴見川多目的遊水地（P.63）
野川浄化施設（P.114）
猿橋（P.15）
陸閘（P.73）
昇仙峡（P.96）
河川敷マラソン
（P.110）
断層（P.102）

目次

詳しい目次

Ⅰ　古くてもすごい技術 ………… 11

●日本三大奇橋
□猿橋　山梨県大月市　**桂川**（相模川上流）　長さ30.9mの日本唯一の刎橋
□錦帯橋　山口県岩国市　**錦川**　５連アーチの木造橋　長さ193.3m
□神橋　栃木県日光市　鬼怒川支川**大谷川**（利根川水系）
□かずら橋　徳島県三好市西祖谷山村　吉野川支川**祖谷川**
●立体交差する川あれこれ
□**新川・西川**（信濃川水系）と埼玉県白岡町の**野通川・隼人堀川**など７河川
●畳で浸水防除する工夫
□畳堤　**五ケ瀬川**（延岡市）、**揖保川**（たつの市、旧揖保川町、旧御津町）、**長良川**（岐阜市）、五ケ瀬川には水神あり
●上にあがる橋　　**筑後川**（福岡県大川市と佐賀市）　昇開橋
●潜ってしまう橋
□潜水橋、沈下橋とも言う。**四万十川、吉野川、荒川、肱川、由良川**
□最古の沈下橋　**八坂川**　龍頭橋（大分県杵築市）、T字型沈下橋　**駅館川**（大分県宇佐市）など

Ⅱ　地下を流れる川 ………… 37

●パルテノン神殿か？
□首都圏外郭放水路の調圧水槽　放水路は国道16号地下約50m、延長6.3km、内径約10m
□**中川**、**倉松川**、**大落古利根川**などの洪水（最大200m^3/s）を江戸川へ排水
●2階建ての川
□田川支川**釜川**（利根川水系）　最初の二層式河川、京都市の東高瀬川支川**七瀬川**（淀川水系）
●下流から上流に流れる川で水質改善
□**海老川**　印旛沼の花見川第二終末処理場の処理水を連絡水路で上流へ還元

Ⅲ　珍しい川の風景 ………… 51

●大量の魚が飛び交う光景
□**利根川**　コイ科の大型淡水魚であるハクレンが飛び交う
●川のなかにある空港
□**神通川**（富山市）　富山空港、常願寺川扇状地が神通川扇状地を西へ追いやっている
●温泉が出る川
□熊野川支川**大塔川**　川湯温泉　和歌山県田辺市にあるアルカリ性単純泉
●遊水地の中でサッカー
□**鶴見川**多目的遊水地　2002日韓ワールドカップ会場となった日産スタジアム

●**標識のある川**　□**荒川**　タンカー通行量も多い、川幅も日本一
●**精霊流し？**
□**湯西川**で繰り広げられる幻想的な精霊流し、水陸両用車によるダム湖クルージングもある
●**道路を閉じる閘門**
□**安倍川**　閘門を閉じると、氾濫水が静岡市内へ流入するのを防止できる

Ⅳ　歴史のなかにも川がある ………… 75

●**川から出てきた遺跡**　□堤川支川**横内川**の遊水地
●**川に灯台がある？**　□**水門川**　芭蕉ゆかりの港にある灯台
●**伝説の竜神**　□**斐伊川**　氾濫する様がまるで竜のよう
●**ダムではなく橋から放水**　□緑川支川**五老ケ滝川**　放水が有名な巨大石橋

Ⅴ　自然が造り出す天然・芸術美 ………… 91

●**幻想的な霧が流れる風景**　□**肱川**から吹き降ろすあらし
●**壁に刻まれた奇妙な岩肌**
□昇仙峡　笛吹川支川**荒川**で見られる花崗岩地形
●**日本のグランドキャニオン**　□**釜無川**（山梨県北杜市）　S57.8　台風10号
●**川で直接見れる断層**　□富士川支川**早川**　構造線沿いにある断層

Ⅵ　我こそは一番なり ………… 103

●**日本一短い川**
□本川では**塩川**　沖縄県本部町約300m、支川では粉白川支川**ぶつぶつ川**　和歌山県那智勝浦町13.5m
●**第一白川橋梁**　□**白川**に架かる芸術的な橋梁
●**川でマラソン**
□日本で唯一の川のなかを走ってタイムを競う大会で、千曲川支川**依田川**で行われる

Ⅶ　環境に挑戦している川 ………… 111

●**川の中で水質処理**
□**多摩川**（野川）が最初　S58　礫間接触酸化法　荒川などにもある
●**魚のためのエレベーター**
□羽地ダム（**羽地大川**）　圧縮空気を用いたエアリフト魚道
●**川の中を覗く**　□**長良川**河口堰魚道観察室（左岸）
●**都市の隠れた河川**　□隅田川支川**日本橋川**（荒川水系）

もっと
知りたい
川のはなし

I 古くても すごい技術

日本三大奇橋

猿橋、錦帯橋、神橋が日本三大奇橋と言われる。山梨にある猿橋は橋脚がなく、両岸より突き出た刎ね木を重ねた刎橋である。いずれの橋も作り方に特徴のある、歴史的に貴重な橋となっていて、ぜひ一度は訪れてみたい

三大奇橋とは橋の構造が独特な橋で、猿橋《さるはし》、錦帯橋《きんたいきょう》、神橋《しんきょう》の三橋を指す。猿橋は山梨県大月市の桂川（相模川*上流）にかかる長さ30.9m、幅3.3mの人道橋（**写真1**）で、現存する日本唯一の刎《はね》橋である。刎橋とは橋脚がなく、両岸より突き出た斜め方向の刎ね木を何枚も重ねて作った形式の橋である。猿橋は4層にせり出した刎木を設け、その上に木の桁を架け渡す「肘木桁式橋」構造である（**写真2**）。1932〈昭和7〉年に国により名勝指定を受けたが、現在の橋は1984〈昭和59〉年に築造された刎橋である。

＊相模川は上流の山梨県に入ると名称が桂川に変わる。他に下流→上流で名称が変わるのは信濃川→千曲川、紀の川→吉野川、阿賀野川→阿賀川、熊野川→十津川などの例がある。

写真1、写真2 桂川にかかる橋脚のない猿橋［撮影：著者］
刎ね木を重ねて桁を架けた「肘木桁式橋」を近くで見ると実に見事で、昔の人の知恵を感じることができる。

錦帯橋は山口県岩国市の錦川にかかる5連アーチの木造橋（長さ193.3m）で、初代は1673〈延宝元〉年に吉川《きっかわ》家により、岩国城へ行くための橋として創建された。橋は松、檜などの6種類の国産材を使って建造されている。当時､橋は洪水によりたびたび流失したため、猿橋や長崎のアーチ橋などを参考に建設された。洪水により橋桁は流されたが、橋脚は残ったこともある。近年では1950〈昭和25〉年のキジア台風に伴う洪水により流失し、1952〈昭和27〉年に再建された。また、2001〈平成13〉年に木造部分を改修する「平成の架替」が行われた。橋脚はキジア台風前までは、河床下2～2.7mに設置したマツの基礎上に空石積を載せる形式で造られていたが、現在はオープンケーソン工法*による深さ10mの基礎上に鉄筋コンクリート形式で積み上げ、壁面は石張りとなっている（**図1**）。とても高い橋で、水面から13mの高さがある。橋を渡る人のために、縦ゆれを防ぐV字の木組み、横ゆれを防ぐX字の木組みが施されている。錦帯橋は日本橋、眼鏡橋とともに、日本三名橋とも呼ばれている。

しかし、三番目の奇橋は神橋とかずら橋の二つの説がある。神橋は

---

*コンクリート製のケーソン（箱）を河床に設置して、基礎としている。

図1　錦帯橋流失前後の断面図［出典　岩国市：名勝錦帯橋架替事業報告書］

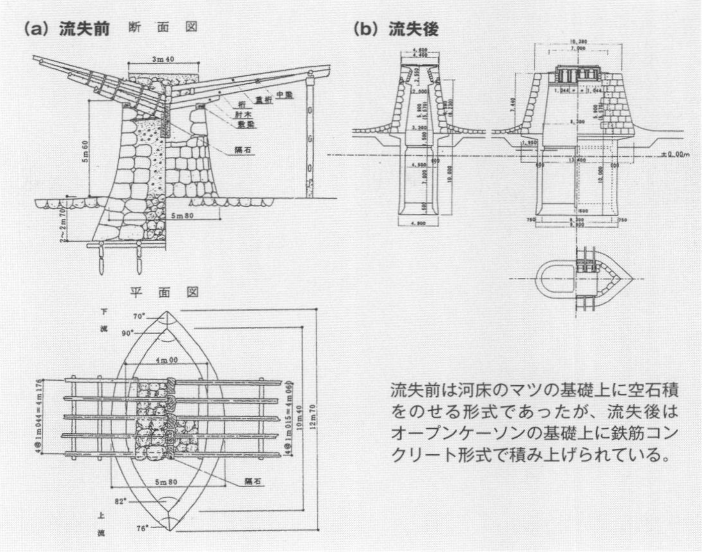

流失前は河床のマツの基礎上に空石積をのせる形式であったが、流失後はオープンケーソンの基礎上に鉄筋コンクリート形式で積み上げられている。

栃木県日光市の鬼怒川支川大谷《だいや》川（利根川水系）にかかる橋で、かずら橋は徳島県三好市西祖谷山《いややま》村の吉野川支川祖谷《いや》川にかかる橋である。このうち、かずら橋はシラクチカズラ（重さ約5トン）を編んで作られた原始的なつり橋で、橋に乗るとゆらゆら揺れて、まさにスリル満点である。橋は水面上14mの高さにあり、長さ45m、幅2mである。

一方、神橋は長さ28m、幅7.4mで、日光二荒山《ふたらさん》神社の建造物として、奈良時代末に架けられ、1636〈寛永13〉年に現在のような橋に造り替えられた（**写真3**）。もともとは白木の橋であったが、徳川時代に日光東照宮の表玄関となり、朱色

写真3　大谷川の荘厳な神橋［撮影：著者］

図2　神橋の構造図［出典　日光二荒山神社：パンフレット］

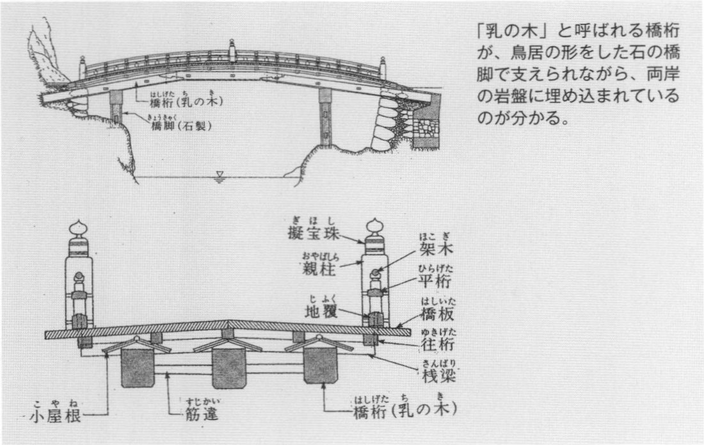

「乳の木」と呼ばれる橋桁が、鳥居の形をした石の橋脚で支えられながら、両岸の岩盤に埋め込まれているのが分かる。

の橋となった。乳《ち》の木と呼ばれるケヤキ材の橋桁3本（うち両側2本を岩盤に埋め込み）を3列架けて、その上に橋板を載せた構造である（**図2**）。橋のたもとに橋姫神という姫神が祀《まつ》られ、対岸の深沙大王とともに橋の守護神となっている。

現在の神橋は1904〈明治37〉年に再建されたもので、元の橋は1902〈明治35〉年9月の洪水により流失した。この足尾台風に伴って発生した洪水は、栃木県内に死者･行方不明者224名、家屋全半壊･流失13,245戸という被害をもたらし、神橋も流失させた。神橋は1944〈昭和19〉年に国宝建造物、1950〈昭和25〉年に国の重要文化財、1999〈平成11〉年に世界文化遺産*に登録された。1997〈平成9〉年から橋梁の改修工事が行われ、2005〈平成17〉年に竣工した。橋を近くで見るには入場料300円を支払って入場する必要がある。

世界的に見ると、中国・北京の盧溝《ろこう》橋、イタリア・フィレンツェの

＊日光東照宮陽明門などとともに、「日光の社寺」として世界文化遺産に登録された。ちなみに、日本には13の世界文化遺産と4つの世界自然遺産がある。

ヴェッキオ橋、イラン・イスファハーンのハージュー橋が世界三名橋である。

【参考文献】
- ●石井一郎：日本の土木遺産、森北出版、1996年
- ●岩国市：名勝錦帯橋架替事業報告書、2005年
- ●日光二荒山神社：パンフレット「世界文化遺産　二荒山神橋」

ACCESS アクセス

★猿橋の所在地：山梨県大月市猿橋町猿橋

＜猿橋への行き方は＞

車なら——中央自動車道の大月ICを降りて、国道20号を東へ4km

電車なら——JR中央本線の大月駅下車、東へ3km

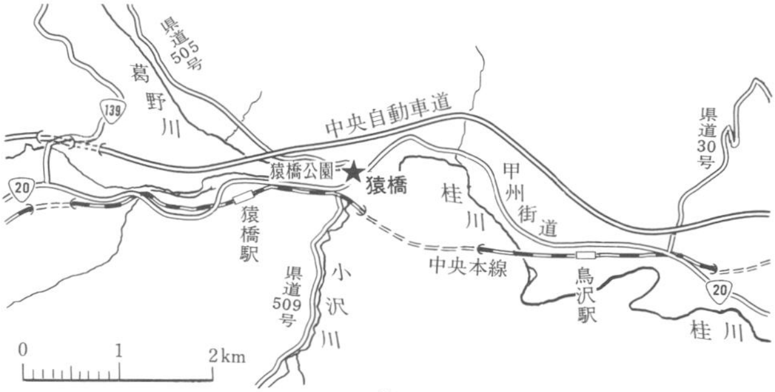

猿橋から寄り道するなら

写真4　八ツ沢発電所の一号水路橋［撮影：著者］

猿橋の下流に東京電力（旧東京電灯）の八ツ沢発電所の一号水路橋がある（**写真4**）。これは大規模水力発電の草分けとなった駒橋発電所（1907〈明治40〉年運転の国内初の長距離送電）で利用した水を約14km下流にある上野原の八ツ沢発電所で有効利用するための水路である。八ツ沢発電所は1912〈明治45〉年に竣工した日本初の調整池式発電所（池に水をためて水量を調整して発電所に流す）で、水路は長さ63.63m、幅5.45mの鉄筋コンクリート造である。2005〈平成17〉年に関連20施設が国の有形文化財に登録された。他に二～四号水路もあり、現在も使われている。

★錦帯橋の所在地：山口県岩国市岩国

＜錦帯橋への行き方は＞

🚗車なら――山陽自動車道の岩国ICを降りて、国道2号で

🚃電車なら――JR岩徳線の西岩国駅下車、西へ約2km

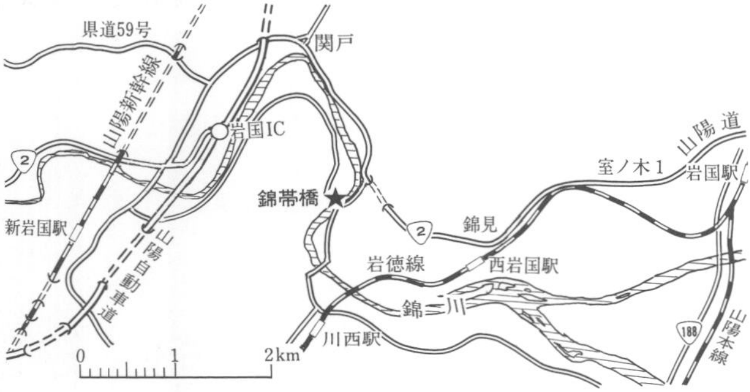

★神橋の所在地：栃木県日光市上鉢本町

＜神橋への行き方は＞

🚗車なら――日本ロマンチック街道（国道119号および120号）を行き、日光山輪王寺宝物殿近く

🚃電車なら――JR日光線または東武日光線の日光駅下車、国道119号を北西へ徒歩20分

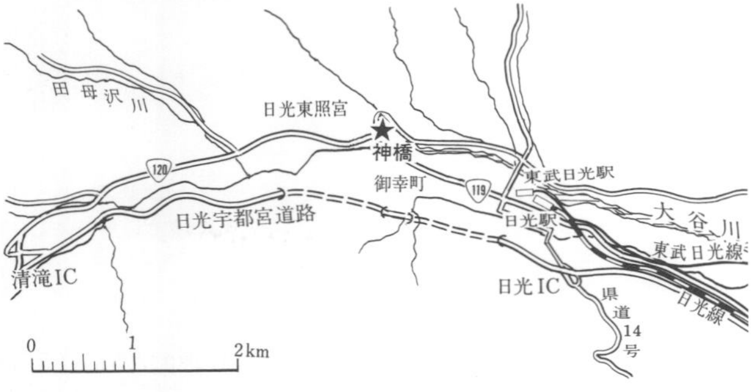

立体交差する川あれこれ

新潟、埼玉、山梨などにはおもしろい立体交差河川がある。新潟・山梨では土砂の多さにより川底の高さが異なる川を立体交差させ、埼玉では排水路と用水路を交差させ、とても興味深い光景をつくり出している

全国には多数の立体交差河川があるが、上を流れる川がトラス橋なのは、ここ新潟のものだけであろう。これは新川の上を西川が流れる立体交差河川で、信濃川水系に属し、新潟中心部から約10kmの西区にある（**写真5**）。舟運や灌漑《かんがい》に使われている西川の下に、低地からの人工排水路である新川を交差させる必要があった。歴史的にはもともと天井川の西川があり、西川の機能を損なわないよう、その下に木製樋管（底樋）2門が埋められ、新川として初めて通水されたのは1820〈文政3〉年であった。底樋の埋め込みにあたっては、工事により湧き出す地下水を汲み上げなければならず、51台の踏車により排水するという技術が用いられた。

写真5　遠くから見ると川（新川）をまたぐ鉄橋に見える［撮影：著者］

その後、横田切れ（1896〈明治29〉年）*や1905〈明治38〉年大洪水で底樋が傷んで、水が流れにくくなったため、1913〈大正

＊明治29年7月に信濃川が新潟県西蒲原郡横田村で破堤し、180k㎡が浸水して2.5万戸の家屋が流失した大水害である。この水害が一つの契機となって、新潟市への洪水を日本海へ分流する大河津分水《おおこうづぶんすい》が計画され、1922〈大正11〉年に完成した。

写真6　しかし、近くで見るとトラス内を水が流れている（西川）［撮影：著者］橋梁を車でなく水が流れている風景は、どこか奇妙で、不思議である。

2〉年に新川はコンクリートとレンガの暗閘《あんこう》9門に改修された。そして、新川に土砂が堆積し、流水を阻害し始めたため、国営事業により1955〈昭和30〉年に暗閘の新川閘門を撤去して新川を直流させ、その上に約37mのトラス2連の鉄製水路橋を架けて、西川を通水させたのが現在の姿である（**写真6**）。現在、西川の舟運は衰退し、主に用水機能を果たしている。

立体交差河川は他にもあり、埼玉県白岡《しらおか》市にはなんと9カ所（11河川）もある。白岡市内には29本の河川が流れているが、そのなかでの11河川である。埼玉平野は低平地で排水路や用水路の交差を解消させるために、立体交差が行われた。特に柴山沼近くに3カ所あり、1カ所は排水路である隼人堀《はやとほり》川が排水路である野通《やどおり》川の川底をくぐっている。これらの排水路は灌漑用水を流す見沼代《みぬまだい》用水の完成に伴って掘られた。見沼代用水は利根大堰（埼玉県行田市）を起点とし、埼玉県を南北に縦断する総延長約85kmの水路で、1728〈享保13〉年に完成した。当時将軍徳川吉宗の財政立て直しの増収策の際、ため池だった見沼（今のさいたま市大宮区、浦和区の東部）を田んぼにする際、利根川から水を引いてくる必要が出てきて、井澤弥惣兵衛為永《いざわやそべえためなが》が作った水路である。井澤弥惣兵衛は和歌山出身の土木技術にすぐれた人で、取水と排水を分離する紀州流の方法を採用している。

写真7　元荒川をくぐる前の見沼代用水［撮影：著者］

写真8　隼人堀川をくぐる前の黒沼用水路［撮影：著者］

また、隼人堀川はその近くで見沼代用水路の下もくぐっている。このように同じ河川が立体交差している場合もあり、特に隼人堀川は4カ所で交差している。他に見沼代用水路は元荒川の川底をくぐっていて、ここは柴山伏越（サイフォン）と呼ばれている（**写真7**）。これまでに20数回の改修工事が行われ、現在の形になっている。珍しいのは隼人堀川と黒沼用水路の立体交差で、以前は黒沼用水路が掛樋方式で隼人堀川の上を流れていたが、1994〈平成6〉年の改修後に黒沼用水路はサイフォン方式で隼人堀川の下を流れるように変わった（**写真8**）。なお、この黒沼用水路も井澤弥惣兵衛為永によって1728〈享保13〉年に掘られた水路で、見沼代用水の支川である。

著者の地元の山梨にも立体交差河川があるが、立体交差にした理由は埼玉とは異なる。釜無川と笛吹川の合流点近くの富士川町（旧増穂町）では、県西部の巨摩山地から流れてくる河川は土砂が多いため*河床が高く、甲府盆地内を流れてきた河床の低い河川がその下をくぐっているケースが多い。そのため、河床高の異なる河川を立体交差させる必要があった。例えば旧利根川の下を長沢川が流れ、坪川の下を五明《ごみょう》川が流れ、滝沢川の下を横川が流れている。この地域は市街化に伴う雨水流出増とあいまって、これまでたびたび内水被害を被ってきた地域でもある。

【参考文献】

●国土交通省甲府河川国道事務所資料

ACCESS アクセス

★新川・西川の所在地：新潟市西区槇尾

＜新川・西川への行き方は＞

車なら――国道116号の新潟西バイパスの曽和ICより北へ800m

電車なら――JR越後線の内野駅から県道2号で南東方面へ徒歩10分

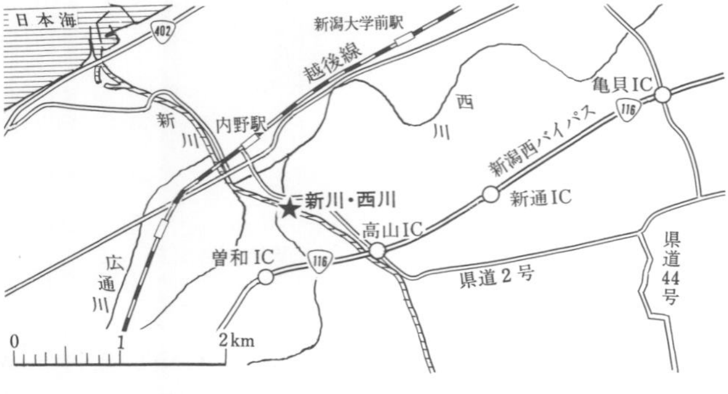

＊フォッサマグナの西縁に位置する糸魚川ー静岡構造線などの断層があり、土砂生産が活発な地域である。

★白岡市（柴山沼近く）の所在地：埼玉県白岡市柴山

＜白岡市（柴山沼近く）への行き方は＞

車なら――東北自動車道の久喜白岡JCTを経て、白岡菖蒲ICを降りて、西へ1.5km

電車なら――JR東北本線の新白岡駅下車、西へ約6km

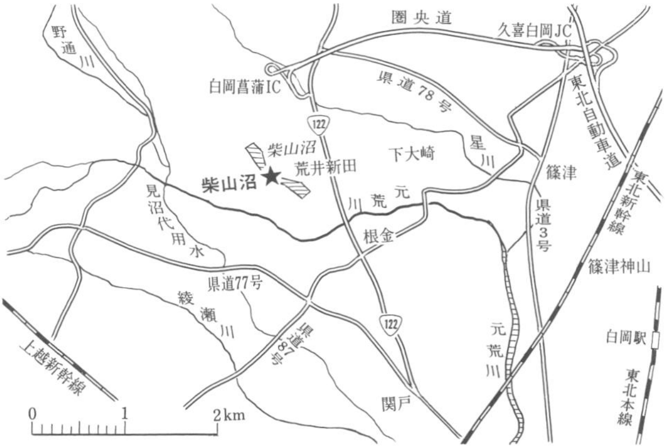

畳で浸水防除する工夫

通常河川の堤防は土でできているが、コンクリートの支柱に畳を入れる珍しい畳堤がある。畳堤は宮崎、兵庫、岐阜にあり、景観・視界を確保したり、緊急対策として採用された。最古の畳堤は宮崎の五ケ瀬川にあり、最長の畳堤は兵庫の揖保川にある

なぜ畳堤ができたかというと、堤防近くに人家が多い場合、堤防を高くすることが難しく、堤防の高さをそのままに、前面にコンクリート壁で特殊堤*を建設する必要があったが、高いコンクリート壁だと、川の眺めが遮られ、景観上好ましくない。そこで、コンクリートの支柱だけを立てて、洪水時にその隙間に畳を入れて、洪水に対処しようとしたのである。言ってみれば、水防活動で洪水が堤防を越水しないように堤防上に土のうを置くようなものである。このように洪水防御のために畳を入れるという手間はかかるものの、平常時の川の眺めを確保する（圧迫感をなくす）ために生まれたのが畳堤である。畳堤は宮崎の五ケ瀬《ごかせ》川、兵庫の揖保《いぼ》川、岐阜の長良《ながら》川にある。

五ケ瀬川：宮崎県延岡市の川中地区にあるもので、国内最古の歴史ある畳堤である。大正～昭和初期にかけて建設され、延長は約980mある。昔は五ケ瀬川と支川の大瀬川にあったが、大瀬川の畳堤は締め切られ、現在は五ケ瀬川だけにある。延岡市では洪水時に五ケ瀬川、大瀬川などが合流し、これまでたびたび氾濫してきた（大正7年、大正13年、昭和3年）。畳堤のある川中地区は、この五ケ瀬川と大瀬川に囲まれたデルタ地域に位置する。この地域で氾濫しないようにするには、五ケ瀬川に大瀬川を合流させずに海へ直接流す方法があるが、町内に洪水を流すと町民の生活上の不便が生じる。こうした交渉が続く間に、緊急対策として考案されたのが畳堤であった。高さが約60cm、長さが約2mで、畳を入れる隙間は幅7cm、長さ約180cmである。この幅7cmは、畳が水を含んで膨張したときの厚さに対応している。これまで実際に畳堤が使われたことは一度もない。なお、形が橋の高欄に似ていることから、地元では高欄と呼ばれている。地元には2001〈平成13〉年に結成された「五ケ瀬川の畳堤を守る会」があり、2010〈平成22〉年に河川功労者として日本河川協会より表彰された。なお、沿川には川を守る水神様が祀られている。また、

---

*下流の高潮区間などにコンクリート製の特殊堤（パラペット）が多い。

写真9　たつの市にある揖保川の畳堤［撮影：著者］
(1) 龍野橋下流右岸の畳堤
支柱上端の高さは場所により異なり、1～1.3mである。

(2) 龍野橋上流左岸の畳堤
支柱上端の高さは1.5mと高い。

延岡市内の菓子店「虎屋」では畳堤サブレが販売されている。

揖保川：兵庫県のたつの市、旧揖保川町、旧御津《みつ》町にあり、1950〈昭和25〉年に造られたものである。畳堤の総延長は約3.1kmあり、特にたつの市の延長が2.7km（畳1,277枚）と長い（**写真9**）。旧揖保川町には約250m（畳105枚）、旧御津町には約160m（畳62枚）の畳堤がある。旧揖保川町の畳堤の支柱はやや古い感じであるが、たつの市の畳堤の支柱は黒く塗り替えられている。

揖保川付近は民家や道路が川に近接していて、堤防の嵩上げが難しい。そこで、1947〈昭和22〉年に末広龍野町長がコンクリートの特殊堤（パラペット）建設を提案したが、建設省姫路工事事務所の玉井所長や藤原工事主任などが長良川の畳堤を見学するなどして、また周辺住民の「美しい川面が隠れない」「川と暮らしの場を断絶しない」

写真10　長良川の護岸と畳堤［撮影：著者］

写真11　近くで見た畳堤［撮影：著者］
支柱の溝に畳を入れられる「角落とし構造」になっている。

図3　畳堤および護岸の断面図
［出典　建設省木曽川上流工事事務所：木曽三川の治水史を語る］

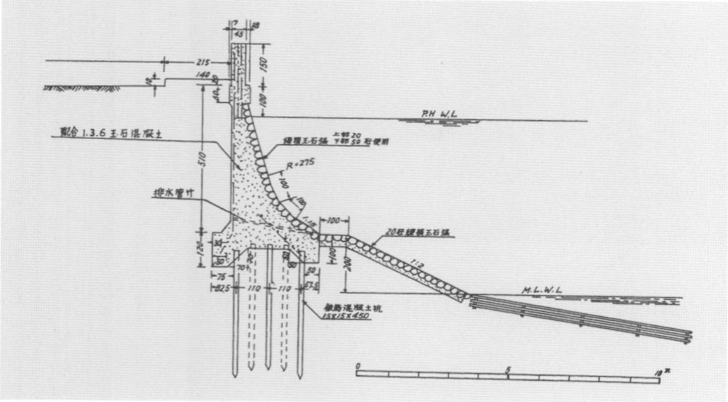

という要望を踏まえて、川の眺めを確保できる畳堤とした。揖保川下流は1892〈明治25〉年、1918〈大正7〉年、1941〈昭和16〉年、1945〈昭和20〉年に水害が発生し、民家や農地が被害を被った。度重なる水害に苦しめられた住民から堤防建設の声が高まり、畳堤の設置が検討されたのである。2001〈平成13〉年6月には、万一の水害に備えるために、設置後初めての実施訓練（防災訓練）が行われた。また、防災センターに古畳約1,000枚を備蓄している。最近の畳は団地サイズで小さいため、たつの市の水防倉庫には本間サイズの古畳

を保管している。

長良川：長良川の畳堤は岐阜市の忠節橋上流左岸にあり、1940〈昭和15〉年に建設されたと言われている。延長は忠節橋から金華橋上流までの約900mで、畳が入る溝の幅は8.5cm、溝の長さは176cm、溝の高さは約1mである（**写真10**、**写真11**）。コンクリート製の支柱が畳の長さである約176cm間隔で設置されている。金華山の岐阜城にちなんで、玉石張で作られた曲線護岸の上部に畳堤があり（**図3**）、堤防が高いため、護岸下に立つと見上げるような高さに畳堤がある。護岸は練積玉石張でできていて、2割勾配の傾斜護岸の上に高さ5.1mの曲線護岸、その上に高さ1.5mの畳堤がある。なお、洪水時に使われた畳は洪水後、畑などの堆肥として再利用されている。

【参考文献】
●建設省木曽川上流工事事務所：木曽三川の治水史を語る、1969年

ACCESS アクセス

★五ケ瀬川の所在地：宮崎県延岡市北町

<五ケ瀬川への行き方は>

車なら——国道218号より延岡市役所へ、市役所より北東へ200m

電車なら——JR日豊本線の延岡駅下車、県道16号を経由

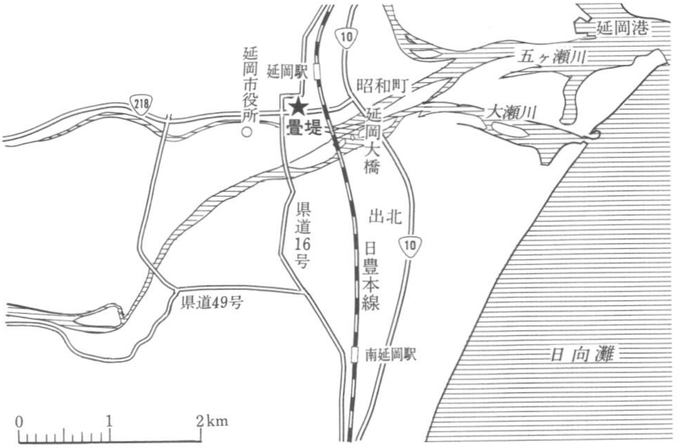

★揖保川の所在地：兵庫県たつの市

＜揖保川畳堤（1）への行き方は＞

車なら――山陽自動車道の龍野ICからすぐ、国道5号経由で

電車なら――JR山陽本線の竜野駅下車、県道120号を北上し、徒歩40分

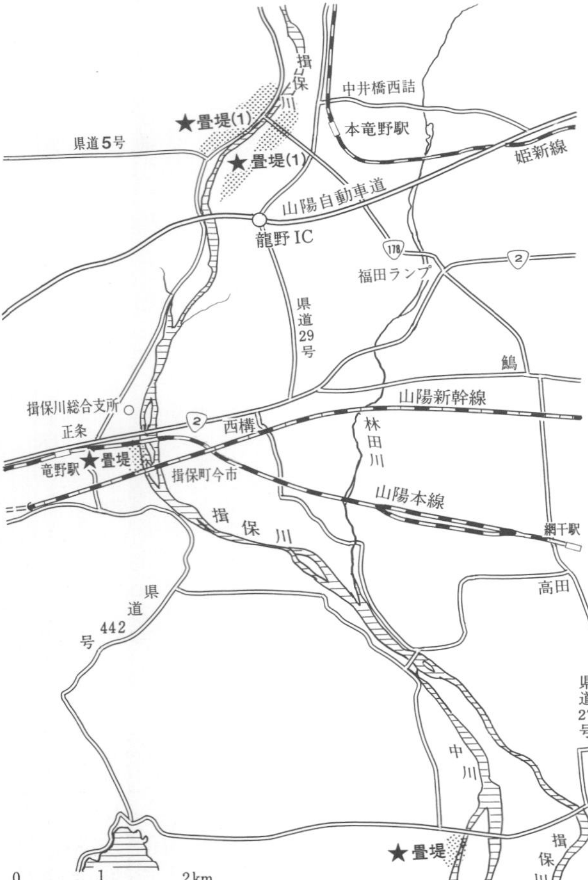

★長良川の所在地：岐阜県岐阜市忠節町

＜長良川畳堤への行き方は＞

車なら――国道156号から岐阜競輪場で国道248号へ入り、神室町で国道157号へ入って約1km

電車＋バスなら――JR東海道本線の岐阜駅下車、岐阜バスで北へ13分、忠節橋バス停下車、徒歩7分

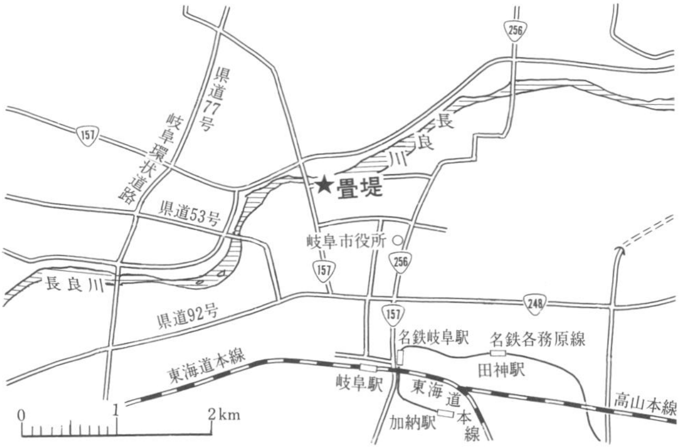

長良川畳堤橋から寄り道するなら

畳堤のある忠節橋上流に対して、下流の忠節橋～大縄場大橋に聖牛群が見られる（**写真12**）。聖牛はコンクリート柱を合掌づくりで組み合わせた水制で、その形が牛の角に似ていることから、そう呼ばれている。透過型水制で、洪水流の減勢効果や導流効果がある。長良川の現場は湾曲部の外岸側で、洪水流の勢いを緩和する目的で設置されている。

写真12　長良川の聖牛群
［撮影：著者］
湾曲した外側の岸を洪水による侵食から守っている。

上にあがる橋

橋の一部が動く橋梁は、子供でなくても見ていておもしろいものである。筑後川の昇開橋は、舟運のために橋梁の中央部が上にあがる最古のもので、そのメカニカルな動きには心躍らされ、またライトアップされた姿は神秘的である

筑後川の河口（福岡県大川市と佐賀市）へ行くと、珍しい形の鉄橋にお目にかかれる。船を通すために、橋中央の橋桁がそのままの形で上方に上がる仕組みとなっている。この橋は筑後川昇開橋*（正式名称は旧筑後川橋梁）と呼ばれ、1935〈昭和10〉年に竣工したJR佐賀線の鉄道用可動式橋梁である（**写真13**、**写真14**）。以前、大分むぎ焼酎「二階堂」のCMロケ地に使われた。日没から22時まではライトアップされ、芸術作品のような風情が感じられる。

日本の技術により建設された橋で、両側のタワー鉄塔（高さ約30m）に下がっている約20トンのウェイトにより上がる仕組みである（**図4**）。竣工当時は東洋一の可動式鉄橋と言われた。全長507.2m、うち可動長が24.2mで舟運のために橋梁の一部を約23mの高さまで上げられる可動式である。橋梁は1日に8回上げられている。筑後川が流れ込む有明海は干満差が最大6mと大きいため、橋桁を高くする必要があることも可動式橋梁とした理由の一つである。橋桁の一部が垂直方向に上下する昇開橋としては現存する最古のもので、1987〈昭和62〉年にJR佐賀線が廃線になった後も地元住民の強い要望により、1996〈平成8〉年から歩道橋として活用されている。

*片方を固定した形で上がる跳開橋（はね橋）、水平方向に回転する旋回橋に対して、昇開橋は橋を水平にしたまま上方へ上がる形式である。

写真13　筑後川昇開橋の遠景［撮影：著者］
中央にある約24mの橋桁が約23mの高さまで上がる形式で、日本最古のものである。

写真14　近くで見た昇降部［撮影：著者］

図4　昇開橋タワー部の立面図・平面図
［出典　文化財建造物保存技術協会：重要文化財　旧筑後川橋梁（筑後川昇開橋）保存修理工事報告書］

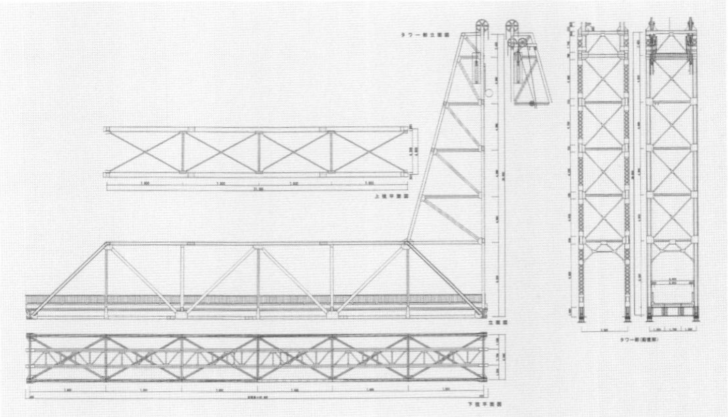

2003〈平成15〉年に国の重要文化財、2007〈平成19〉年に機械学会の機械遺産に指定された。

なお、現存する可動橋の鉄道橋梁は千歳運河にかかる跳開橋である末広橋梁のみで、三重県四日市港にある。山本卯太郎氏の設計で、1931〈昭和6〉年に竣工し、跳開部の桁長は17.6m（全長57.98m）である。24トンのバランスウェイトを下げて、跳開部を上げる。隅田川の勝鬨橋《かちどきばし》は橋の両側が跳ね上がるのに対し、末広橋梁は片方だけが上がる方式である。JR貨物が管理し、太平洋セメントへセメントや土砂を運ぶ貨物列車（1日5往復）が利用している。1998〈平成10〉年に重要文化財に指定された。

筑後川昇開橋の下流には、土木学会選奨土木遺産に選ばれている「若津港導流堤」、通称デ・レーケ導流堤もある。この導流堤は延長約6.5kmの石組みの堤で、背割堤形式で川の真ん中にあって、船舶航行のために水深を確保するとともに、土砂堆積を防いでいる。導流堤は粗朶《そだ》沈床《ちんしょう》*で基礎が築かれ、その上に40cm四方の石が載せられている。

【参考文献】
●文化財建造物保存技術協会：重要文化財　旧筑後川橋梁（筑後川昇開橋）保存修理工事報告書、2011年
●村山千晶：土木遺産の香　第60回　筑後の龍「デ・レーケ導流堤」、Consultant、第260号、2013年

＊護岸の根固め工などに用いられ、河床変動に追随できるよう、柴、粗朶（そだ）、石などでできている。

ACCESS アクセス

★所在地：**福岡県大川市と佐賀県佐賀市諸富町**

＜筑後川昇開橋への行き方は＞

車なら――国道208号を小柳記念病院で国道444号へ

電車＋バスなら

- 西鉄天神大牟田線の柳川駅で下車、佐賀駅行きバスで大川橋バス停下車、徒歩10分
- 佐賀駅バスセンターから諸富・早津江行きまたは諸富・橋津行きで諸富橋バス停下車、徒歩12分（佐賀市営バス）
- 佐賀駅バスセンターから西鉄柳川駅行きで諸富橋バス停下車、徒歩12分（西鉄バス）

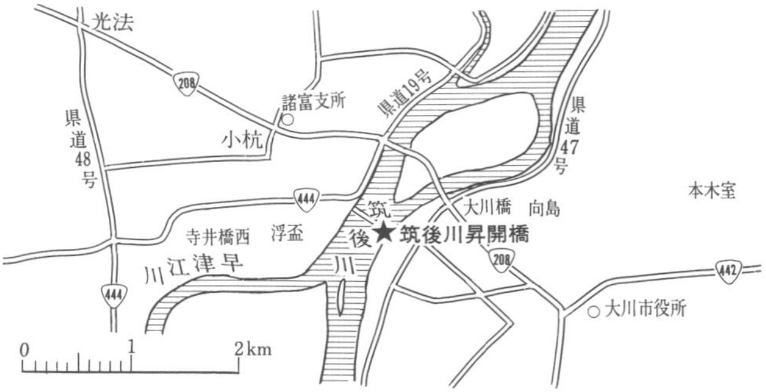

寄り道するなら

筑後川昇開橋の展望スポットとして、左岸の大川市に「筑後川昇開橋展望公園」、右岸の佐賀市に「諸富鉄橋展望公園」がある。また、筑後川昇開橋から大川方面に1kmほど行ったところの花宗川《はなむね》には以前跳開橋（跳ね橋）があった。佐賀線廃止の数年後に撤去され、現在は面影もないが、行ってみる価値はある。

潜ってしまう橋

洪水の流れに橋が水没したら車が危険となる。しかし、橋が洪水の障害とならないよう、また少ない予算で建設するために、高さの低い「潜り橋」が建設されている地域があり、高知・大分・徳島などに多い

川へ行くと洪水時に潜って見えなくなる橋がある。この橋を潜り橋、潜水橋、沈下橋、沈み橋など（地域により呼び方は異なる）と言い、洪水流の邪魔にならないように、河道の低い位置に設置され、欄干や防護柵がない（または洪水時に欄干をとってしまう）。全国に410カ所あると言われている。橋の下部工は木またはコンクリート製であるが、上部工は洪水流を阻害しないよう、木でできているものが多い。

四万十《しまんと》川、吉野川、肱川、荒川など、県では高知、大分、徳島など、全国に多数の潜り橋がある。自動車の転落防止のために、四万十川には地覆《ちふく》*と柵が設置されているが、関東の荒川や久慈《くじ》川では地覆のみが多い。特に四万十川には多数の沈下橋があり、四万十市内だけでも佐田、三里、深木、高瀬、勝間、口屋内、岩間、長生、中半家、半家の沈下橋がある。なかでも、佐田沈下橋の橋長は291.6mと長く、口屋内沈下橋は1955〈昭和30〉年建設と古い。四万十川に沈下橋が多い理由は、地形的に高い橋をかける技術力や予算がなかったこともある。

他に吉野川、荒川、肱川、由良川などにもあり、特徴的な橋としては大分県杵築《きつき》市の八坂川には最古の1912〈明治45〉年の沈み橋である龍頭《りゅうず》橋があるし、大分県宇佐市の駅館《やっかん》川や大分県佐伯市の番匠《ばんしょう》

＊床版端部に設置された10～20㎝の角材

写真15 T字型の三つ又橋(駅館川)[撮影:著者]
恵良《えら》川と津房《つぶさ》川の合流点にあるため、両河川に架かったT字型となっている。

写真16 日本最古の沈み橋である龍頭橋(八坂川)[撮影:著者]
古いからか補修のあとが多数残っている。高さがかなり低く、岩の上に橋が載っている感じである。

写真17 龍頭橋近くの岩にできた甌穴[撮影:著者]

写真18 遠くから見た高瀬橋潜水橋(吉野川)[撮影:著者]

写真19 近くで見ると、橋に欄干がない[撮影:著者]

川支川久留須川には珍しいT字型沈み橋がある(**写真15**)。龍頭橋は橋長が61.5mで、11径間の石造橋であり(**写真16**)、一部コンクリートで補修されている。橋の高さは低く、河床に迫った橋である。同じ八坂川の永世橋(1876〈明治9〉年)が台風21号で2004〈平成16〉年に流失したために、日本最古の沈み橋となった。2007〈平成19〉年に土木学会の土木遺産に認定された。橋付近の河床は波うった岩で覆われていて、岩表面には多数の甌穴《おうけつ》が見られた（**写真17**）。また、吉野川の高瀬橋は橋長522mと吉野川で最長であるが、一般的には100m前後の沈み橋が多い（**写真18**、**写真19**）。高瀬橋は吉野川最下流にある沈み橋で、洪水で満水になると水面幅が3～4倍になって、橋は見えなくなる。ちなみに、海外では韓国ソウルの盤浦大橋にも潜水橋がある。

ACCESS アクセス

★三つ又橋の所在地：大分県宇佐市院内町

＜三つ又橋への行き方は＞

車なら――国道387号と宇佐別府道路の交差点北側（看板「北山水路橋」が目印）

電車なら――JR日豊本線宇佐駅下車、国道10号を西へ6km、国道387号を南へ6km

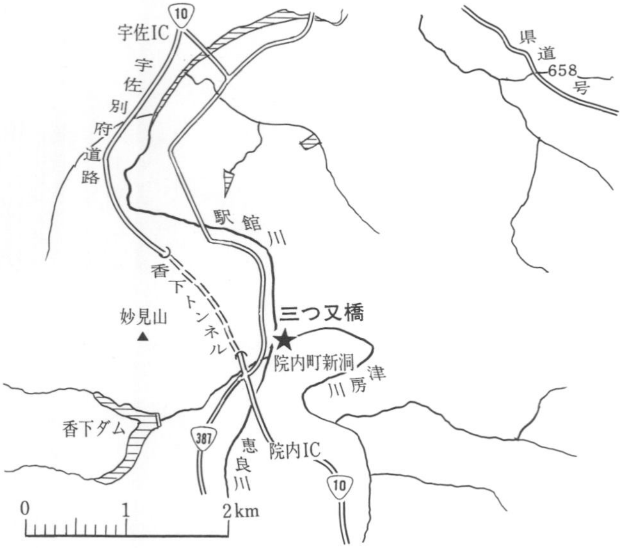

宇佐市から寄り道するなら

T字型の三つ又橋（駅館川）がある宇佐市院内町には70以上の石橋があり、ぜひ訪れてみたい。石橋が多数あるのは、恵良川が急流で洪水により木橋が流されやすかったためである。

★**龍頭橋**の所在地：大分県杵築市山香町大字野原

＜龍頭橋への行き方は＞

車なら――国道10号→県道42号、姫野セメント瓦工業所を左折、新・龍頭橋の下流にある

電車なら――JR日豊本線の中山香《なかやまが》駅下車、徒歩15分（心翁寺の南東）

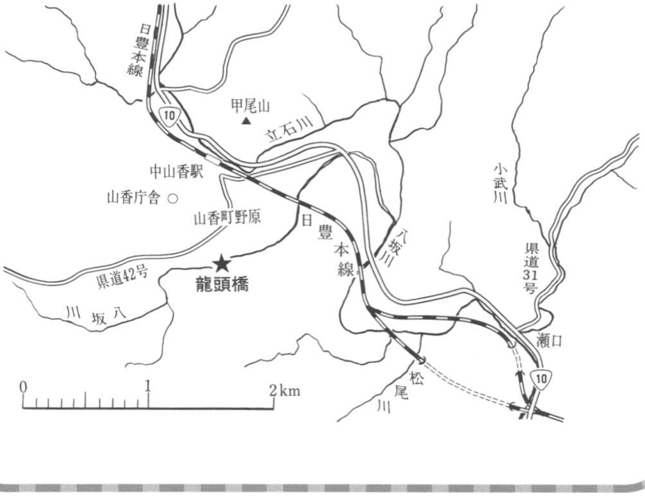

★高瀬橋の所在地：徳島県阿波市上板町

＜高瀬橋への行き方は＞

車なら——徳島自動車道の藍住ICを降りて、県道1号→14号→234号→16号（高瀬橋）へ

電車なら——JR徳島線の石井駅下車、県道34号を北へ、右岸道路（15号）を西へ

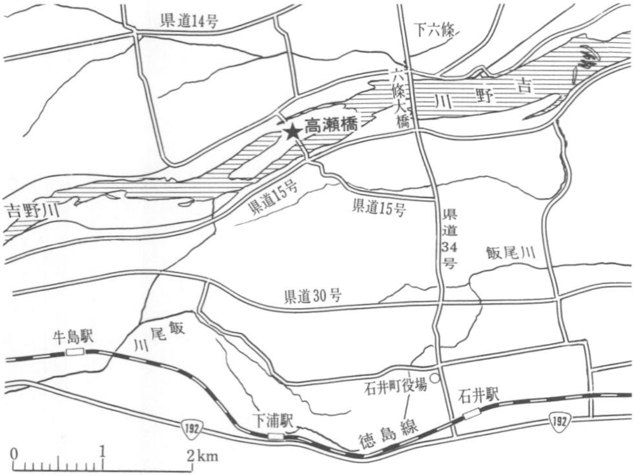

四万十市から寄り道するなら

佐田沈下橋から約4kmの地点に、土佐藩山内家の家老であった野中兼山《けんざん》が建設した用水路から水田に水を汲み上げるために設置された水車群（安並《やすなみ》水車の里）がある。明治末期には約50基あったが、現在は観光用に約13基が回っている。また、谷に広がる湿地帯にはトンボの楽園である「四万十市トンボ自然公園」があり、これまでに園内で76種類のトンボが確認された。ハナショウブやスイレンなどの水辺の草花が四季折々に美しく咲いている。

II

もっと
知りたい
川のはなし

地下を流れる川

パルテノン神殿か？

テレビや雑誌に出てくるパルテノン神殿のような施設は、実は洪水調節施設であった。この首都圏外郭放水路では、埼玉の中川や倉松川の洪水が地下トンネルを流れ、江戸川へ排水されて、洪水被害を軽減する仕組みとなっている

よくテレビに出てくる写真20の左上の写真は首都圏外郭放水路であるが、トンネルではなく、排水ポンプが急停止したときの水圧を調整する調圧水槽である。調圧水槽はパルテノン神殿（通称は地下神殿と言われている）のようであるが、放水路から江戸川へ排水するときの水の勢いを減少させるための平面水槽で、59本の柱で構成された長さ177m×幅78m×高さ18mの巨大な空間である。柱は水槽を構造的に支持しているだけでなく、地下水の揚力を抑えるための地下水対策ともなっている。地下神殿は神秘的な未来空間に見えるため、最近ではゴーバスターズ、戦国男士、未来日記などのテレビ番組の撮影に使われた。

首都圏外郭放水路は地下50mに位置するトンネル、トンネルへ洪水を導く立坑《たてこう》（縦トンネル）と、この調圧水槽からなっている（**写真**

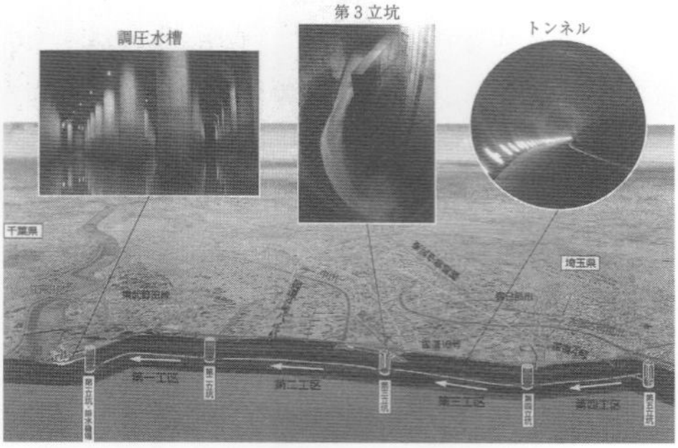

写真20　首都圏外郭放水路の立坑・トンネルなど
［出典　国土交通省江戸川河川事務所の資料を修正］

20）。すり鉢状の地形をした中川流域の浸水被害を軽減するため、国道16号の地下約50mに延長6.3km、内径約10mのトンネルが建設された。トンネルは泥水式シールド工法*で、埼玉県春日部市上金崎地先から小渕地先まで建設された。洪水が効率的に流れる（表面の粗度係数が小さくなる）よう、トンネル表面は定期的に清掃されている。立坑はシールド・トンネルを掘削するときの発進・到達立坑ともなっている。つまり、シールドマシーンを出し入れする空間でもある。トンネルに接続し、洪水を流入させる5本の立坑は直径が15 ~ 31.6mで、中川、倉松川、大落古《おおおとしふる》利根《とね》川などから立坑を経て流入した洪水を、トンネルを通じて最大で200m^3/s江戸川へ排水できる能力を有している。立坑（第3、第5）への流入断面は建設省土木研究所が開発した複断面型渦流立坑となっていて、流量が少ない場合は、低水路部を流下し、立坑内面を沿いながら落下するため、流水が減勢される仕組みである。一方、流量が多い場合は全幅で流入し、エネルギーロスが少なくなる分、動水勾配が大きくなり、排水時のポンプ負荷が軽減される効果がある。なお、洪水が立坑に流入する時間は河川により

＊シールド工法とは、シールドマシーンでトンネルを掘削し、後方を覆工（セグメント）と呼ばれるコンクリートの円形の枠を組み立てて、トンネルを建設していく工法である。泥水式は大深度・大口径の工事に適しているが、近年は広い範囲の土質に適用可能な泥土圧式がもっともよく使われている。

表1　首都圏外郭放水路の各立坑の流入河川等

	第1立坑	第2立坑	第3立坑		第4立坑	第5立坑
流入河川名	(調圧水槽)	18号水路	中川	倉松川	幸松川	大落古利根川
最大流入量 (m^3/s)	−	4.7	25	100	6.2	85
立坑内径（m）	31.6	31.6	31.6		25.1	15

異なるため、**表1**の最大流入量の合計は200m^3/sとはならない。この200m^3は25mプール1杯分に相当する。

直径の大きな連続地中壁は、シールドマシーンを地下に降ろすのに必要であった。当初立坑はこの連続地中壁（厚さ2m）内を埋め戻して建設する予定であったが、建設コスト縮減のため、連続地中壁をそのまま活用することとした。その結果、アメリカ・シカゴのTARP*など諸外国の地下河川では、狭い立坑内でいかに水をスムーズに流下させるか（水流の中心に空気コアを作る）が課題であったが、首都圏外郭放水路では立坑を落下する洪水流が回転しにくくなるため、立坑床版に与える衝撃圧や振動・騒音が問題ないかどうかを確認する必要が出てきた。この水理模型実験は著者らが行った。実験では放水路全体（縮尺横1/80、縦1/50のひずみ模型）、第3立坑（縮尺1/22）、第5立坑（縮尺1/22）の模型実験が建設省土木研究所において実施された（**写真21**）。

江戸川への排水にあたっては、トンネルおよび立坑が満水になると、水流に圧力がかかるため、この圧力を利用しながら、調圧水槽下流のポンプ（50m^3/s×4台）で排水する。すなわち、トンネルも圧力に

＊TARPはTunnel And Reservoir Planの略で、シカゴ川の氾濫および水域の汚濁防止を目的とした、雨水の地下貯留施設である。

写真21　第5立坑の模型実験の様子
立坑の直径が大きいため、流入した洪水は1回転もしないうちに床版に落下してしまう。

対応した圧力管方式のトンネルとなっている*。なお、トンネル内に残った水を排水するポンプも、第3立坑（80m^3/分×2台、0.85m^3/分）、第1立坑（1.5m^3/分）のほか、移送ポンプなどが別途設置されている。ところで、洪水を江戸川へ排水すると、江戸川が危険になるのではないかと思うかもしれないが、中川などは江戸川よりも洪水ピークの発生が早く、江戸川への排水時は江戸川の洪水ピーク前である（江戸川との時差を利用して排水する）ため、江戸川の洪水危険性が高まることはないのである。

首都圏外郭放水路は2002〈平成14〉年6月に第3立坑～第1立坑～江戸川までの3.3kmが部分供用され、2006〈平成18〉年6月に全川6.3kmが完成した。2002〈平成14〉年から2012〈平成24〉年の間、放水路には計73回（年5～10回）洪水が流入し、特に2008〈平成20〉年8月には約1,200万m^{3}の洪水を調節した。この放水路の完成によって、流域の浸水被害は劇的に減少した。なお、立坑・トンネル構造の変更、流入施設の追加などにより、総事業費は当初予定を上回り、2,000億円以上を要した。

【参考文献】
●国土交通省江戸川河川事務所：パンフレット「工事記録誌　首都圏外郭放水路、2006年」
●末次忠司：河川技術ハンドブック、鹿島出版会、2010年

＊通常の開水路方式のトンネルでは、計画流量を流下させるのに必要な断面の1.3倍の断面に15%の余裕を設けているが、圧力管方式のトンネルでは、計画流量を流下させるのに必要な断面に対して、10%の余裕が見込まれているだけである。

ACCESS アクセス

★放水路（庄和排水機場）の所在地：

埼玉県春日部市上金崎地先（排水先）～小渕地先

＜庄和排水機場への行き方は＞

車なら――国道16号の西金野井交差点で北へ1km。または県道321号の春日部市庄和総合支所の交差点で北東へ1km

電車なら――東武野田線の南桜井駅下車、北口より北方向へ

寄り道するなら

放水路の庄和排水機場には、首都圏外郭放水路・地底探検ミュージアム「龍Q館*」がある。2階には首都圏外郭放水路の実力をバーチャル体験できる「地底体感ホール」がある。洪水の恐ろしさと、それを防ぐために活躍する放水路の姿を光と音と映像で体験できる。テクノロジーBOXでは、放水路の建設や運用に生かされている最先端技術を模型等で知ることができる。開館時間は9:30～16:30で、月曜日と年末年始は休館。

＊春日部市（旧庄和町）に伝わる「火伏の龍」伝説と、AQUA（水）にちなんでネーミングされた。

2階建ての川

上下平行して水が流れている二層式河川が日本に2河川ある。宇都宮の釜川と京都の七瀬川で、一定流量以上の洪水は越流堰を通じて、下部河川へ流れ込む仕組みとなっており、都市域で治水・環境の両方を満足することができる治水工法である

河川のなかには、2階建ての川があり、二層式河川と呼ばれている。宇都宮市街地を流れる田川支川釜川（利根川水系）が最初の事例である。釜川は延長7.3km、流域面積6.4km^{2}の都市河川で、昭和40年代に入った頃から、都市化に伴って豪雨により、年3～4回氾濫被害が発生した。そこで、都市小河川改修事業により、市街地区間約1.9kmを全国で初めて二層構造河川として計画し、1985〈昭和60〉年に着工して1992〈平成4〉年に完成した。区間により異なるが、上部河川は幅2.6～3.5m×高さ0.6～0.9mの開水路で、下部河川は上部河川より大きく、幅3.4～6.3m×高さ2.8～3.65mの暗渠である。この二層式河川では、平常時は上部河川に水が流れるが、豪雨時は西田橋付近などにある横越流堰を越えて下部河川に洪水が流れこむ仕組みとなっている（**写真22**）。

写真22　グレーチングで覆われた下部河川への横越流堰［撮影：著者］

写真23　釜川への水辺アクセス：井登橋上流［撮影：著者］

写真24　七瀬川の流入工部［撮影：著者］
通常時は堰により流水は左岸側へ誘導され、堰を越えるような洪水になると、斜め水路を流れて下部河川へと流入する仕組みである。

上部河川は石や木や草を配置し、周囲は遊歩道やプロムナードとして整備された親水的なやすらぎ空間となっている（**写真23**）が、調査日が平日だったせいか、沿川の遊歩道の利用者はそれほど多くなかった。なお、この区間上流の兜《かぶと》橋から分流する釜川放水路で兜橋上流の洪水ほぼ全量（最大90m^3/s）がカットされ、自然流下で田川へ排水されるため、二層式河川の洪水負担は軽減されている。その結果、二層式河川の下部河川の計画流量は最大で51m^3/sである。ちなみに、上部河川には多くて3 ～ 4m^3/sが通水可能である。なお、釜川放水路は延長約1.6kmで、うちトンネルが855mの田川への排水路である。構造は区間により異なり、暗渠またはNATMトンネル*などで、1983〈昭和58〉年に完成した。

全国で二番目にできた二層式河川に、京都市伏見区を流れる東高瀬川支川の七瀬川（淀川水系）がある。七瀬川は東高瀬川合流点から上流約2.9kmが1級河川に指定されている。七瀬川流域は治水安全度が低く、これまでたびたび浸水被害が発生していた。これに対して、

＊新オーストリア・トンネル工法の略で、機械で掘削し、壁面をコンクリートで吹き付け、ロックボルトを打ち込んで、覆工トンネルを施工する工法である。

写真25　下部河川の断面［撮影：著者］
東高瀬川合流点において、上部河川からの流水と合わせた下部河川の断面形を見ることができる。

写真26　上部河川のせせらぎ空間［撮影：著者］
写真に見えている水路へ降りる階段、植栽、空石積み護岸のほか、階段護岸、渡り石などが配置されている。

住民から抜本的な改修要望が出されたが、河川沿いに家屋が多いため、通常の河川改修が難しく、都市基盤河川改修事業*として二層式河川が採用された。1992〈平成4〉年より東高瀬川合流点上流の約950m区間を対象に二層式河川整備が行われ、2008〈平成20〉年に完成した。

　区間により異なるが、上部河川は幅1.7～3m×高さ0.5mの開水路で、下部河川は上部河川より大きく、幅4.2～4.6m×高さ2.7～2.75mの2連暗渠である。二層式河川上流の流入工部（**写真24**）では、通常時は新門丈《しんもんじょう》橋上流の堰により写真左側の上部河川に水を導き、洪水時は流量が一定流量を超えると、堰を越えてシュート式の水路を経て、ボックスカルバートの下部河川へ流入する。下部河川は最大で43～48m^3/sの洪水を流下させることができる。東高瀬川合流点において、下部河川のボックスカルバート断面を見ることができる（**写真25**）。東高瀬川が増水したとき、上部河川に逆流が起きないよ

＊人口5万人以上の市・特別区、流域面積が30k㎡以下の河川が対象で、治水対策のための市町村による改良工事である。

うに、合流点近くにゲートが設置されている。

このように、釜川とは異なり、七瀬川では下部河川への流入口、下部河川からの排水口をはっきりと見ることができる。上部河川は生態系の復元を目指した多自然川づくりによる整備が行われ、せせらぎや水遊びの水辺空間となっている（**写真26**）。七瀬川上流も治水安全度が低いため、二層式河川のほかにJR奈良線の上流に遊水地を建設中で、2017〈平成29〉年度に完成予定である。なお、七瀬という川の名称は、川筋に七つの橋が架けられ、源流の大岩山の谷口から東高瀬川に合流するまでの間に七つの瀬があったからである。

【参考文献】
●建設省・栃木県・宇都宮市：パンフレット「2層構造河川　釜川」
●京都市：パンフレット「都市基盤河川改修事業 一級河川 七瀬川、2001年」

ACCESS アクセス

★**釜川**の所在地：栃木県宇都宮市

＜釜川への行き方は＞
車なら――国道119号、東武宇都宮駅近く
電車なら――JR東北本線の宇都宮駅下車、県道1号（大通り）を西へ徒歩20分

★七瀬川の所在地：京都府京都市伏見区

＜七瀬川の流入口部への行き方は＞

車なら――国道24号を南下し、京都中央信金竹田南支店先のT字路で左折、300m先に流入口がある

電車なら――近鉄京都線の伏見駅下車、北西へ徒歩約8分

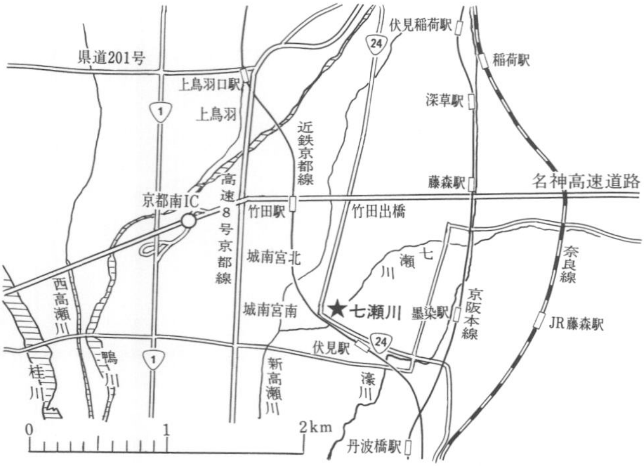

七瀬川から寄り道するなら

七瀬川から7km北へ行くと、世界最長（581.8m）の蹴上《けあげ》インクラインがある。これは琵琶湖疏水の大津から宇治川に至る20.2kmの舟運ルートの途中で、水路落差のある2カ所（蹴上と伏見）に敷設された舟を運搬する傾斜鉄道である。蹴上インクラインは1890年代に完成し、1940〈昭和15〉年前後に休止した。1983〈昭和58〉年に京都市文化財に指定された。市営地下鉄東西線の蹴上駅が最寄り駅である。

下流から上流に流れる川で水質改善

都市域では下水道の整備により、平常時に河川を流れる水量が減少している川がある。これに対して、千葉の船橋の海老川では下水処理水を上流に戻して、水量の確保（水質の改善）を行っており、全国的にも珍しい試みである

海老川流域では、印旛沼流域下水道の花見川第二終末処理場（千葉市美浜区）の高度処理水を送水管で習志野ポンプ場を経由して、海老川支川の飯山《はさま》満川および長津川へ還元している（**写真27**、**写真28**）。還元水の放流量は飯山満川が0.135m^3/s、長津川が0.124m^3/sである。海老川の水循環に関しては、「海老川流域水循環再生構想(平成10年3月)」のなかで計画立案されている。この計画では、海老川水系の7河川*に計0.45m^3/s、真間川水系の大柏川に0.19m^3/sを還元する予定である。すなわち、下水処理水を西部第二幹線（φ1.8m、延長約10km）および印旛沼・江戸川左岸連絡幹線（φ2m、延長約10km）内の下部に設けられた直径700mmの送水管を通じて上流へ輸送する（**図5**）という全国的にも珍しい水質改善方法である。

これは、下水道整備の進捗に伴い海老川の平常時水量が減少して悪化した水質を回復させるのが目的である。この下水処理水の還元の結果、平常時流量が増加し、例えば水質汚濁の指標であるBODで見れば、表のように改善されたほか、DO（溶存酸素）の増加も見られた。還元水の放流は平成19年10月より毎週火・金曜の9～17時に行われている。なお、降雨時は還元を行わない。

＊7河川とは長津川、飯山満川、念田川、高根川、前原川、北谷津川、宮前川を指す。

写真27　送水管からの放流口（飯山満川）［撮影：著者］

写真28　送水管から放流される還元水（長津川）［提供：千葉県印旛沼下水道事務所］
河川の右側の送水管から還元水が放流されている。

河川名	H20夏	H21夏	H22冬	H23冬
長津川	7.2→3.3mg/L	8.8→3.4mg/L	7.3→4mg/L	11→4.4mg/L
飯山満川	10.5→8.5mg/L	7.9→5.7mg/L	6.7→7.1mg/L	5.3→3.4mg/L

図5　下水処理水の放流幹線と放流位置

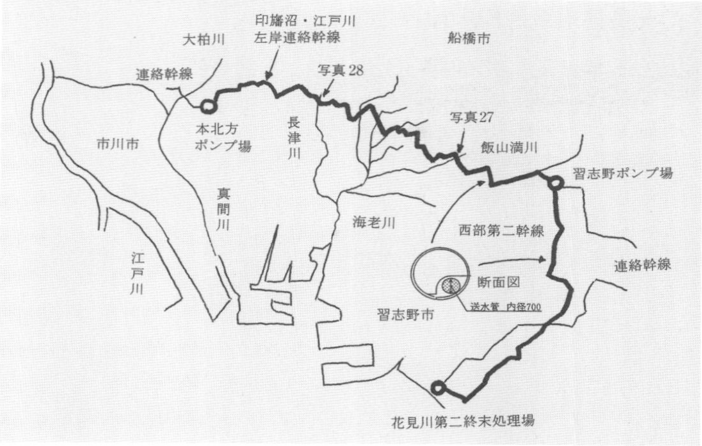

ACCESS アクセス

★**飯山満川放流口**の所在地：

千葉県船橋市芝山7丁目

<飯山満川放流口への行き方は>

車なら——船橋芝山高の西側の調節池近く

電車なら——東葉高速鉄道の飯山満駅下車、北東へ500m

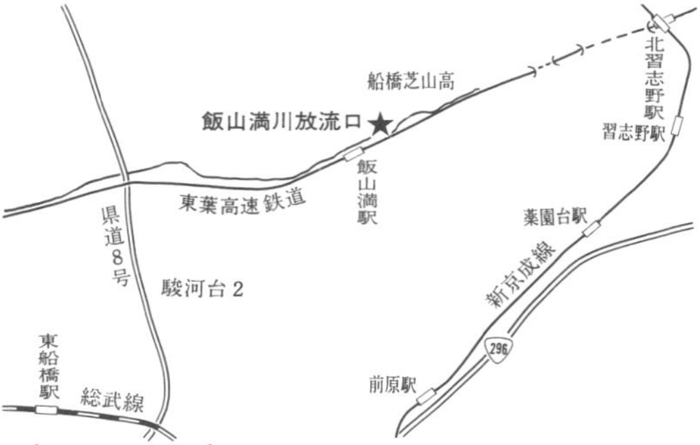

★長津川放流口の所在地：

千葉県船橋市旭町333　船橋啓明高内

<長津川放流口への行き方は>

🚗**車**なら——県道59号を藤原神社より南東へ

🚃**電車**なら——東武野田線の塚田駅下車、北へ徒歩15分

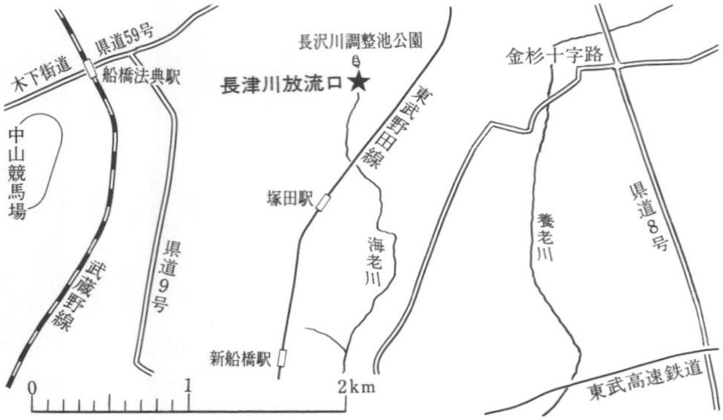

もっと
知りたい
川のはなし

III 珍しい川の風景

大量の魚が飛び交う光景

利根川では運が良ければ、数十、数百という大量の魚のジャンプを見ることができ、まさに圧巻である。しかし、なぜ魚がジャンプするかという理由は秘密のベールに包まれている

利根川では数十、数百という大量の魚が飛び合う「世にも不思議な光景」が見られる。この魚はハクレンと言い、コイ目コイ科に属する中国原産の大型淡水魚で、中国四大家魚（食性が異なるアオウオ、ソウギョ、コクレンとを合わせた総称または養魚システム）の一つである。ハクレンはコクレンと似ているが､コクレンより口と頭が小さい。また、体側が銀白色、腹側の竜骨状隆起が腹びれ前方から始まっているのが特徴である。

利根川では埼玉県久喜《くき》市の旧栗橋町付近、茨城県の古河市・五霞《ごか》町付近で産卵する。**写真29**、**写真30**は旧栗橋町付近で撮影されたハクレンのジャンプである。産卵直前に数十、数百のハクレンが大きくジャンプする原因は、ハクレンが臆病なため、杭にぶつかった反動でジャンプするとか、物音や振動に驚いてジャンプしたハクレンにつられて、他のハクレンもジャンプすると言われているが、詳細な原因は

写真29　ハクレンが一斉にジャンプする様子
［提供：国土交通省利根川上流河川事務所］

写真30　ジャンプしたハクレン
［提供：国土交通省利根川上流河川事務所］

不明である。なお、このジャンプが観察できる日も年に1日か数日であるため、ジャンプが見られるのは非常に珍しいことである。これまでの観察では6、7月にジャンプがよく見られた。

ハクレンは中国全土に生息するが、日本には1878〈明治11〉年に持ち込まれ、1942〈昭和17〉年に移入*した外来種である。繁殖は利根川と霞ヶ浦水系で確認されていて、大きいものは体長1m程度もあるが、平均的には80～90cmの大きさである。中国南西部の貴州省六盤水市では体長8mのハクレンも見つかっている。魚は卵→孵《ふ》化《か》→仔魚→稚魚→未成魚→成魚→産卵というサイクルで一生を過ごす。ハクレンの成魚は、6～7月の産卵期に川の中流域まで遡上して集団で産卵を行う。産卵から孵化までに2日程度の時間を要するので、川の長さが短い日本では繁殖が難しく、そのため大河川の利根川で繁殖しているのではないかと考えられている。世界的には、アメリカ中西部の大河であるミシシッピ川水系に定着している。

霞ヶ浦周辺などでは腹身の洗いなどで食用とされているが、一般には売れない魚で漁師には嫌われ、フィッシュミールにして飼料や肥料

＊移入：人間によって意図的・非意図的に導入されること。

に利用されている。霞ヶ浦や利根川では「れんぎょ」、他の地方ではシタメやレンコなどと呼ばれることもある。

【参考文献】
●川那部浩哉・水野信彦他編集：山渓カラー名鑑　日本の淡水魚　2版、山と渓谷社、2001年

ACCESS アクセス

★所在地：埼玉県久喜市他

＜利根川（旧栗橋町）への行き方は＞
車なら――国道4号を北上して利根川へ
電車なら――JR東北本線または東武日光線の栗橋駅下車、北東へ1.5km

寄り道するなら

埼玉県旧栗橋町に近い大利根町（旧東村）には、カスリーン台風（昭和22年9月）に伴う洪水による「決潰口跡」の石碑がある。この石碑はカスリーン公園内にあり、石碑の隣には「カスリーン台風の碑」もある。カスリーン台風では利根川の破堤に伴って氾濫流が埼玉を経て東京まで到達し、14.5万戸が浸水し、約70億円の被害となった。この洪水では、利根川と支川渡良瀬川の洪水ピークが近かったことと、橋梁（現在の東武日光線、国道4号、JR東北本線）に流木（赤城山などで土砂崩れが発生したことによる）が引っ掛かって水位を上昇させたこと、堤防の改修が十分でなかったことが原因で越水破堤した。

川のなかにある空港

空港が川のなかにあるなんて……でも本当にあるんです。富山空港は神通川の河川敷にあるが、河川敷が高いので浸水の危険性は少ない。ただし、空港ターミナルは河川外にあり、日本一長いボーディング・ブリッジで結ばれている

空港が河川のなかにあるなんて信じられますか。富山空港は日本で唯一河川敷に建設されている空港なのである。空港は1963〈昭和38〉年に竣工したが、滑走路やエプロンは神通《じんづう》川（富山市）の右岸河川敷上に設置されている（**図6**）。川のなかにあるけれども、河床が下がっていることもあって河川敷の高さは高く、これまで洪水で浸水したことはないが、春先の川霧や冬の大雪により、欠航することは多い。また、敷地の余裕が少ないため、滑走路の両端まで誘導路を作

図6　富山空港の平面図［出典　末次：河川技術ハンドブック］

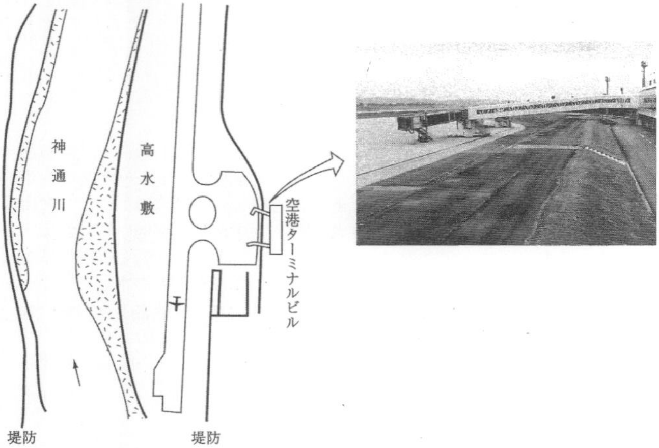

写真31　左に川を望む富山空港［撮影：著者］
写真中央は堤防をまたぐ日本最長のボーディング・ブリッジである。

ることができない。当初、富山市浜黒崎など6地区が候補地に挙がっていたが、富山中心部から7kmという利便性、用地が容易に取得できるという条件から河川敷への建設が決まった。

ただし、空港ターミナルは河川外にあり、航空機との間を結んでいるボーディング・ブリッジは堤防をまたいだ形式で、長さは90mで日本一である（**写真31**）。空港は富山県が管理し、航空管制は国土交通省航空局が管理している。1984〈昭和59〉年にはジェット機の就航に備えて、滑走路が1,200mから2,000mに延長され、現在国内2路線（東京、札幌）、国際４路線（ソウル、北京·大連、上海、台北）に就航している。しかし、地元との協定で、発着便数は1日15便に制限されている。

2012〈平成24〉年に、富山県が置県130年を迎える記念事業の一環として、空港の愛称を募集したところ、「富山きときと空港」が選ばれた。「きときと」とは富山の方言で新鮮、生きが良いという意味である。富山空港からの景色はよく、東に立山連峰、南に飛騨山地を望むことができる。なお、地形的に見ると、神通川の東にある常願《じょうがん》寺《じ》川扇状地は日本三大崩壊地である立山カルデラから大量の土砂が運ばれるなど、神通川扇状地よりも扇状地を作る勢いが非常に強いため、神通川扇状地は西の呉羽山丘陵の方へ追いやられ、面積が狭くなった。

一方、常願寺川の水量が少ないのに対して、神通川は常願寺川からの伏流水が供給されるため、水量は豊富である。

他の特徴的な空港として全国には、

- 海上空港‥‥中部国際空港、関西国際空港、神戸空港、長崎空港
- 24時間空港‥‥新千歳空港、羽田空港、中部国際空港、関西国際空港、北九州空港、那覇空港
- 民間・軍用併用空港‥‥三沢飛行場、小松空港、茨城空港、那覇空港

などがある。

【参考文献】

●末次忠司：河川技術ハンドブック、鹿島出版会、2010年

●藤井昭二：富山平野、特集「北陸の丘陵と平野」、URBAN KUBOTA、No.31、1992年

ACCESS アクセス

★富山空港の所在地：富山県富山市秋ケ島

<富山空港への行き方は>

車なら――北陸自動車道の富山ICを降りて、南西へ2.5km

電車なら――JR高山本線の速星《はやほし》駅下車、南東へ3km

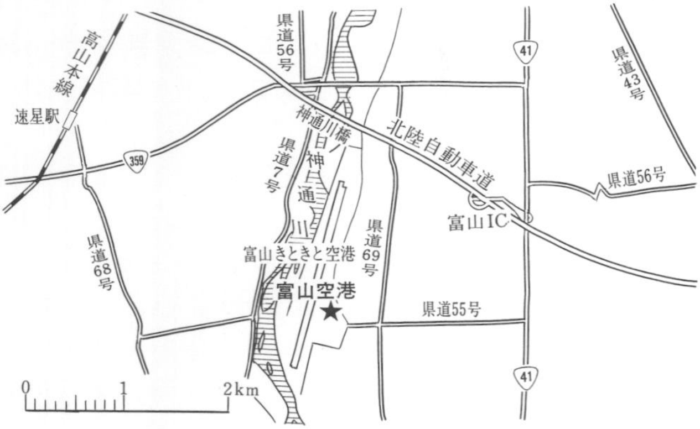

温泉が出る川

川で温泉に入れるとは何という風情だろうか。温泉が出る川は全国に何カ所かあるが、和歌山の川湯温泉は最大規模であろう。延長が200mもあり、河原を掘れば、73度もある源泉が湧き出てくる。体にとても良いアルカリ性単純泉である

熊野川支川大塔《おおとう》川の川湯温泉は、河原を掘れば温泉が湧く珍しい温泉である。同名の温泉は、北海道川上郡弟子屈町などにもある。河床から湯が湧く温泉は、他にも群馬県中之条町*の尻焼《しりやき》*温泉などがあるが、延長200mという規模で言えば川湯温泉が日本最大ではなかろうか。川湯温泉はアルカリ性単純泉で、川底から湧いている源泉は73度であるが、大塔川の水を引き入れて40度前後に調節している。ホテル前の河原には日除けつきの湯船もある（**写真32**）。温泉の効

写真32　川湯温泉のホテル前の湯船［撮影：著者］

＊群馬県吾妻郡中之条町大字入山
＊昔、痔の治療のため、河原に穴を掘り、湧き出したお湯にお尻だけつけていたため、尻焼温泉という名前になった。

写真33　河原の石を動かして作った風呂［撮影：著者］

能は神経痛や糖尿病に、また、温泉を飲むと胃腸病、糖尿病、痛風に良いと言われている。

川湯温泉は吉野熊野国立公園内にある。この国立公園は紀伊半島の中央部から南岸までの山岳・河川・海岸からなる総面積598km^{2}の風光明媚な地域である。温泉では毎年12月から2月までは1,000人入れる大露天風呂である仙人風呂が作られ、時間制限（6時半～22時）はあるが、入場無料であり、冬の風物詩となっている。12月、1月の毎週土曜日には、仙人風呂に湯けむり灯籠が並べられる。竹筒の灯籠が並べられ、河原が幻想的な光に包まれる。また、仙人風呂かるた大会も開かれる。宿泊以外の人は、河原を掘るためにスコップを持参する必要がある。河原には温泉を掘るために石を動かし、風呂を形どった跡が多数残っている（**写真33**）。温泉は幅40m、奥行き15mで、和歌山県田辺市本宮町にあり、近くには熊野三山の一つである熊野本宮大社がある。本宮町の地名はこの大社からきている。

紀伊山地は2004〈平成16〉年に「紀伊山地の霊場と参詣道」として世界文化遺産に登録され、その範囲は三重、奈良、和歌山の3県23市町村に及んでいる。このうちの熊野三山は熊野本宮大社、熊野速玉《はやたま》大社、熊野那智大社の三社と、青岸渡《せいがんと》寺、補陀洛山《ふだらくさん》寺の二つの寺院によって構成され、熊野参詣道で結ばれている。これらは熊野詣での目的地として古代から繁栄するとともに、宗教・文化の発展と交流が活発に行われた。また、文化的景観としての資産価値が高い地域である。

なお、熊野川は水量が多い川として有名で、1959〈昭和34〉年9月に相賀《あいが》地点で19,025m^3/sの国内最大流量を記録している。2011〈平成23〉年の台風12号では、この記録を上回る洪水流量が発生したとも言われている。これらの大洪水に伴って大量の土砂が流下して各所に堆積し、洪水流下能力の低下を招いているので、早急な河道掘削が望まれている。なお、熊野川で洪水流量が多いのは、上流に豪雨地帯である大台ヶ原（奈良）などを控えているためである。ちなみに2位の洪水流量は、四万十川（具同地点）で1935〈昭和10〉年8月に観測された16,000m^3/sである。

また、熊野川は古来より木材を運搬するなど、舟運が盛んであった。現在はトラック輸送に代わって行われていないが、これを復活すべく、現在、道の駅「下河原」から熊野速玉大社横の河原まで、熊野川舟下りが行われている。全長約16km、約1時間30分をかけて語り部が個性豊かな語りで、歴史や名所・旧跡を案内している。途中、布引の滝、釣鐘石、御船《みふね》島などを見ながらの舟下りで、なかには熊野権現降臨の地として注目のパワースポットの昼嶋もある。3 ～ 11月は定期的に1日2回、12 ～ 2月は6名以上に限って運航している。完全予約制で、熊野川川舟センターへの予約が必要である。

ACCESS アクセス

★川湯温泉の所在地：和歌山県田辺市本宮町

＜川湯温泉への行き方は＞

車なら――阪和自動車道の南紀田辺ICを降りて、国道311号へ

電車＋バスなら――

- 大阪からはJR紀勢本線の紀伊田辺駅下車、龍神バスで１時間40分、川湯温泉バス停下車
- 和歌山からはJR紀勢本線の新宮駅下車、熊野交通バスまたは奈良交通バスで１時間、川湯温泉バス停下車

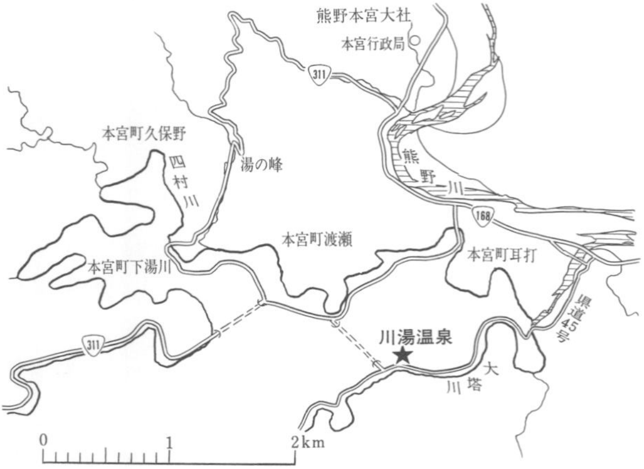

寄り道するなら

熊野川に臨む熊野本宮大社（**写真34**）、宝物殿が川湯温泉から5km離れた場所にある。熊野本宮大社は家都美御子大神《けつみみこのおおかみ》などを主祭神とし、毎年4月15日に例祭としての御祭が行われる。大社の境内には高さ33.9mの日本一高い大鳥居がある。現在の社地は山の上にあるが、1889〈明治22〉年の大洪水で流されるまで、社地は熊野川と音無川が合流する中州にあった。社殿の第一殿～第四殿は国の重要文化財に指定されている。

写真34　熊野本宮大社
［出典　熊野川川舟センター：熊野川舟下り　パンフレット］

遊水地の中でサッカー

サッカー・スタジアムが水没？　AKB総選挙でも有名になった日産スタジアムは鶴見川の遊水地だった。だから、洪水時にはスタジアムの周りに洪水が入ってくるが、スタジアムはコンクリートの柱で支えられた構造のため、浸水被害を受けることはない

横浜市にある日産スタジアム（旧横浜国際総合競技場）は2002日韓ワールドカップ会場の一つであり、AKB48総選挙の会場ともなったが、実は遊水地内にある。この遊水地とは鶴見川多目的遊水地である（**写真35**）。多目的遊水地は、平常時は運動公園である新横浜公園などに使われている。ここでいう遊水地とは、河道の洪水を越流堤という高さが一段低い堤防から流入させて、下流河道の流量を減らす洪水調節施設である（**写真36**）。遊水地の周囲は一段高くなった土地や堤防（周囲堤、囲《い》繞《ぎょう》堤*）で囲われ、遊水地内は通常水田に利用されていることが多い。同様の遊水地は利根川、北上川、宮城県な

写真35　遊水地の全体風景
［提供：国土交通省京浜河川事務所］

写真36　遊水地の越流堤から望んだ日産スタジアム［撮影：著者］

＊いずれも遊水地を囲む堤防であるが、周囲堤は堤内地の堤防、囲繞堤は河道堤防である。

写真37　ピロティ構造の日産スタジアム［撮影：著者］
1007本の柱で支えられた高床式構造となっている。

どに多数ある。

鶴見川流域は都市化に伴って雨水流出が早くなり、洪水流量が増大した*ため、流量を低減させる遊水地が建設された。この遊水地は84haの面積を有し、洪水流量800m^3/sのうちの200m^3/sをカットできる計画（当面の計画）である。もし、戦後最大降雨である狩野川台風（昭和33年9月）と同程度の雨により洪水が発生した場合、遊水地により浸水面積で4割、浸水世帯数で5割の被害軽減が可能である。遊水地であるため、大洪水時に大量の洪水が流入すると、スタジアムの周囲は水で一杯になる。遊水地内にある競技場内施設やレストランなども浸水するが、一段高い人工地盤上にあったり、ピロティ（高床式）構造になっているので特に問題はない（**写真37**）。

なお、洪水が終わると、遊水地下流にある水門から自然排水され、水はなくなり、遊水地内は元のように使うことができる。この遊水地は2003〈平成15〉年より活用され、2012〈平成24〉年度までに10回洪水が流入（1年に1回程度）したが、調節容量約390万m^{3}の

---

*流域における都市化率の上昇とともに、鶴見川の末吉橋地点の流量は600m^3/s（1958年：都市化率10%）→1,000m^3/s（1975年：60%）→1,400m^3/s（1990年：80%）と増大し、洪水到達時間（降雨ピーク～洪水ピークの時間）も昭和40年代初めは10時間であったが、昭和50年代初めには2時間と早くなった。

1割以上の洪水が流入したのは、2004〈平成16〉年10月の台風22号（約125万m^3）と2013〈平成25〉年4月の低気圧（約92万m^3）の2回だけである。

【参考文献】
●国土交通省京浜河川事務所：パンフレット「鶴見川多目的遊水地、2004年」

ACCESS アクセス

★鶴見川多目的遊水地の所在地：

神奈川県横浜市港北区小机町

<鶴見川多目的遊水地への行き方は>
車なら――第三京浜道路の港北ICを降りて、南東へ1.5km
電車なら――JR横浜線の小机駅下車、東へ徒歩7分

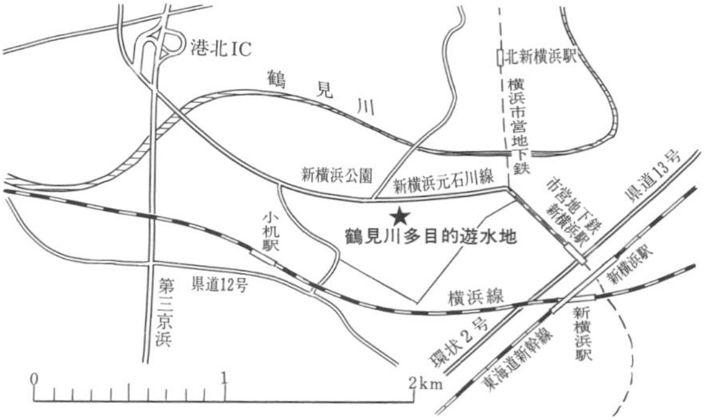

寄り道するなら

鶴見川へ来たら、ぜひ大黒《だいこく》埠頭へ寄ってみたい。現在の大黒埠頭は様々な施設が集積するウォーターフロント地帯であるが、歴史的に見ると鶴見区は大正時代から浅野氏により大規模な埋立て工事が行われ、1990〈平成2〉年に完成した埋立地が基盤となっている。この面積は区全体の約1/3を占めている。この埋立てに使われた土砂は鶴見川からの浚渫土砂（鶴見川の洪水流下能力を増やすために河床の土砂を浚渫した）で、サンドポンプ船で浚渫された土砂はパイプラインで河口まで運ばれた。

標識のある川

川でも、海ほどではないが、船舶事故が発生している。東京の荒川では1日で90 ～ 140隻の通航があり、事故防止のために標識、案内板、情報板などが設置されている。また、埼玉にはタンカー基地があるため、ガソリン価格は安い

標識は道路だけでなく、川にもある。2001〈平成13〉年に河川法に基づいて船舶の通航方法が決められ、荒川に2005〈平成17〉年に通航ガイドが出された。荒川における舟運は活発で、下流の葛西橋で見ると、平日は約90隻で、レジャー用が約50隻と多いが、タンカーも20 ～ 30隻通航し、係留されている船舶も多い（**写真38**）。休日はさらに多く、約140隻（うちレジャー用が約100隻）の通航がある。タンカーは200トンクラスが多く、1隻でタンクローリー数十台分の原油を運ぶことができる。以前は河口から3kmの埼玉県和光市新倉にタンカーの桟橋があって、東京湾製油所から運ばれた石油類は桟橋で降ろされ、パイプラインで朝霞《あさか》市のジャパンエナジー油槽所へ運ばれていた。埼玉県南部のガソリン代が東京より安いのは、この影響が大きい。ちなみに、2013年4月1日のレギュラーガソリン価格（円／リッター）で見ると、①埼玉151、②千葉151.5、③香

写真38　荒川に係留された船舶[撮影：著者]

写真39　岸辺に立つ減速区域の標識［撮影：著者］

写真40　清砂大橋の河川情報板［撮影：著者］

川152.1、‥‥、㊺大分159.5、㊻長崎161.5、㊼鹿児島161.6と、埼玉などの関東地方が安く、九州地方が高いという傾向が窺える。

このように河川における船舶の通航量が多いため、船舶の事故も多く、運輸安全委員会の調査（海上事故を含む）によれば、2009～2012年で、947～1,325件／年の事故が発生した。浅瀬・岩・網などへの乗揚（260～431件）がもっとも多く、次いで衝突（247～356件）が多かった。船舶の種別では、漁船（403～535件）、貨物船（268～437件）、プレジャーボート（217～228件）が多かった。また同委員会の調査によると、河川では2009～2011年で、12～17件／年の事故が発生し、死傷等が4～9件と多く、次いで衝突が3～5件であった（**表2**）。船舶の種別では、3年間で水上オートバイ（計9件）、旅客船（6件）、カヌー（5件）が多かった。一方、

表2　船舶事故の件数等

西暦	船舶事故（全体）			船舶事故（河川）			船舶事故（河川）		
	合計件数	事故種類		船舶種類			合計件数	死傷等	衝突
		乗揚	衝突	漁船	貨物船	プレジャーボート			
2009	1,325	431	325	535	437	228	12	4	5
2010	1,197	369	356	500	383	225	17	9	3
2011	976	264	282	450	268	217	13	4	5
2012	947	260	247	403	270	217	−	−	−
合計	4,445	1,324	1,210	1,888	1,358	887	42	17	13

日本海難防止協会では、海難審判庁*のデータを用いて、荒川、荒川支川の隅田川および新河岸《しんがし》川における船舶事故の分析を行っている。この調査によると、計112件中、遭難（浮遊物接触）が57件と多く、5～7月、6～12時台の発生が多かった。河川別では荒川で56件発生し、特に河口付近での事故が多かった。また隅田川では55件発生し、千住大橋付近での事故が多かった。事故対策として、荒川下流には171基もの河川標識が設置されている（平成19年度末現在）。標識は動力船通航禁止や減速区域などである（**写真39**）。また、93基の河川案内板、19基の河川情報板（**写真40**）もある。河川案内板では川の水深、桁下高表示を行っている。

なお、荒川の川幅は埼玉県吉見町大和田と鴻巣市滝馬室の間で2,537mあり、日本一広い。また、荒川下流で散策やスポーツをする人は非常に多く、年間利用者数はディズニーランドの年間入場者数に匹敵するほどの人数である。ちなみに、河川水辺の国勢調査結果（平成21年度）によると、1級水系全体の年間利用者数は約1.8億人で散策やスポーツ利用が多い。水系別で見ると、もっとも多いのは利根川（約2,600万人）、次いで荒川（約2,300万人）、多摩川（約1,900万人）

*海難審判庁（2000～2002）および地方海難審判庁（1990～2000）のデータを用いて分析された。

であるが、3年前の調査に比べて、それぞれ100万人程度利用者が減少している。

【参考文献】
- 資源エネルギー庁ホームページ
- 国土交通省運輸安全委員会事務局資料
- 日本財団図書館 （電子図書館）：船舶の河川航行に関する調査研究報告書、2013年
- 国土交通省河川局河川環境課：平成21年度　河川水辺の国勢調査結果〔河川版〕（河川空間利用実態調査編）、2011年

ACCESS アクセス

★荒川下流の所在地：

埼玉県さいたま市・朝霞市から東京都江戸川区・江東区

＜葛西橋への行き方は＞

車なら――首都高中央環状線を船堀橋で降りて、都道450号を南下する

電車なら――東京メトロ東西線の西葛西駅下車、中川沿いを北へ徒歩20分

寄り道するなら

荒川の旧岩淵水門近くには国土交通省・東京都北区運営の荒川知水資料館（通称アモア）がある。1998〈平成10〉年に開館し、荒川流域の人と情報の交流の場となっている。1階に「新しい荒川に出会うフロア」、2階に「荒川を知るフロア」、3階に「荒川を見守るフロア」がある。資料館では荒川の整備状況、いろいろな施設の役割、放水路工事の指揮をとった内務省技師の青山士《あきら》などについて勉強することができる。

精霊流し？

栃木の湯西川で行われる精霊流しの正体は発光ダイオードである。冬に開かれるかまくら祭りで、2,000個のLEDやろうそくで照らし出された光景はとても幻想的で印象深い。また、湯西川ダムをクルージングする水陸両用バスが人気である

奥日光に位置する湯西川では幻想的な光景が見られる。鬼怒川支川の湯西川（利根川水系）では毎年７月末に光のページェントが見られるが、これは精霊流しだろうか？　実は、この光源はパナソニック製のLED（発光ダイオード）で、かわあかり「いのり星」と名づけられている。30分間に約2,000個のLED光源が流される。一方、冬の1月末～３月中旬には、平家集落*や沢口河川敷の会場において、かまくら祭りが繰り広げられる。特に河川敷の「ミニかまくら祭り」は日本夜景遺産*に認定され、大小様々なかまくらが所狭しと並び、ろうそくで照らし出される光景は幻想的である。他に、かまくら内のバーベキューやソリ遊びなども行われる。

また、日光市には治水・利水のための重力式コンクリートダム（湯西川ダム）がある。湯西川ダムは鬼怒川流域の河川開発、特に首都圏の水資源開発のために建設され、川俣・五十里《いかり》・川治ダムとともに、鬼怒川上流ダム群を形成している。ダム湖では湯西川ダックツアーによるクルージング*ができる。道の駅「湯西川」～湯西川ダム～道の駅（80分）または湯西川・水の郷～湯西川ダム～水の郷（95分）の2ルートがあり、水陸両用バスによる迫力あるクルージングが楽し

＊湯西川にある湯西川温泉は、壇ノ浦の戦いに敗れた平家一族が落ち延び、温泉を発見した「平家落人伝説」が伝わる湯の郷である。
＊日本夜景遺産事務局が2004年より選定しているもので、レインボーブリッジ、昭和記念公園など、100カ所以上が選定されている。

める。1日4～5便あり、乗船定員40名で、電話またはインターネットで予約できる。

写真41　水陸両用バス（湯西川ダム）
［出典　日本水陸観光株式会社：湯西川　ダム湖探検ダックツアー　パンフレット］
水陸両用バスでのダム湖へのダイブは迫力満点で、その後ダムの近くまで行くことができる。

ACCESS アクセス

★道の駅「湯西川」の所在地：栃木県日光市

＜道の駅「湯西川」への行き方は＞

車なら――日光宇都宮道路→鬼怒川温泉→国道121号

電車なら――東武鉄道の北千住駅→下今市駅→新藤原駅→野岩鉄道の新藤原駅→湯西川温泉駅

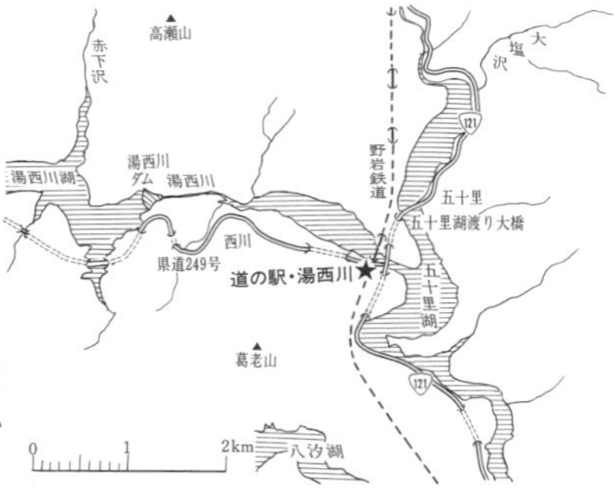

寄り道するなら

近くには鬼怒川ダム群があるので、ぜひ訪れてみたい。

＊他に大阪・大川、長野・諏訪湖、長崎・ハウステンボス＋大村湾などで、水陸両用バスによるクルージングを行っている。

道路を閉じる閘門

閘門は川だけでなく、道路にもある。安倍川流域の閘門は、河川の水位が高くなると閉じるルールになっていて、閘門を閉じることによって、上流からの氾濫に対して、静岡市街地を守ることができる

通常、閘門は船の航行のために川に設置されている。しかし、長良川や安倍川流域では道路に閘門（陸閘）が設置されている。例えば長良川のある木曽三川下流域では、度重なる水害に対して、鎌倉時代より地域共同体としての輪中が建設され、現在でも大小45の輪中がある。特に、江戸幕府が木曽川左岸の尾張藩（親藩）を守るために立派な御《お》囲《かこい》堤を築いたことに対して、右岸の地域では自己防衛手段として輪中を建設した。各地域を堤防で囲み、洪水で破堤氾濫が発生しても、氾濫水が地域に達しないための工夫である。輪中は小規模なものが合体して、大規模な輪中となったものもある。しかし、輪中堤は通行上障害となるため、道路上は陸閘が堤防の役割を果たすことになったのである。

一方、安倍川流域（静岡市）にも多数の陸閘がある（**図7**）。長良川とは異なり、霞堤の一部を形成する陸閘で、通常鋼鉄製の閘門に鉄製のレールがついている（**写真43**）。電動で動くものと、手動で動くものがある。防災上の役割では、氾濫水を制御する二線堤の役割もあるため、著者は霞二線堤と称している。安倍川は下流の6 ～ 9k区間でも河床勾配が1/140 ～ 1/250と急勾配で、洪水を一時的に貯留したり、上流の氾濫水を河道に戻す霞二線堤が有効であった。しかし、静岡市内の交通・物流を遮断するので、道路上で開閉できる陸閘が建設されたのである。霞二線堤は流域内に全部で11カ所（13陸閘）ある。特に安倍川左岸の霞二線堤（与一堤、伝馬町堤、安西《あんざい》堤）は重

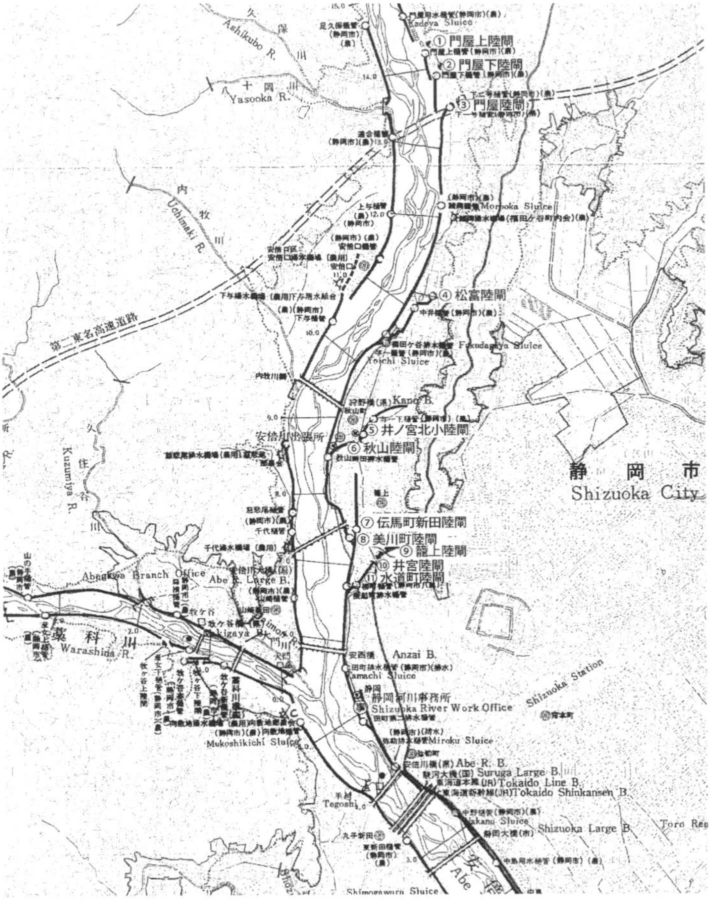

図7　安倍川流域の陸閘の分布
[国土交通省静岡河川事務所資料に加筆・修正した]

要で、安倍川が破堤氾濫したとしても、陸閘を閉じることにより、下流の静岡市の氾濫被害を防ぐことができる。ただし、霞二線堤上流の地域は大きな浸水被害を被る危険性がある。

国土交通省静岡河川事務所と静岡市は、この陸閘の操作に関する

写真42　美川町陸閘が設置された道路［撮影：著者］

写真43　安西堤にある水道町陸閘のゲート［撮影:著者］

ルールとなる操作要領（市は操作規程）を2011〈平成23〉年に定めた。このルールによれば、安倍川の牛妻水位観測所（河口から16k）の水位が、

・4.7mに達した段階で、上流にある門屋下陸閘を閉鎖する

・4.9mに達した段階で、残り10カ所の陸閘を閉鎖する

よう、規定している。なお、操作にあたっては、少なくとも安堤後は陸閘をすぐ閉鎖できるよう、かねてより陸閘の役割、閉対応などを地域住民に周知しておくとともに、他地域からのドライバーには電光掲示板などで注意喚起する必要がある。現時点で、このルールに従って、閘門を閉鎖した事例はない。

【参考文献】
●末次忠司：水害に役立つ減災術－行政ができること　住民にできること、技報堂出版、2011年
●国土交通省静岡河川事務所資料

ACCESS アクセス

★安西堤の所在地

＜安西堤への行き方は＞

車なら――国道1号から国道362号へ入り西進し、川沿いの道路を800m北上

電車＋バスなら――JR東海道本線静岡駅からバス（西ケ谷線）で12分、水道町南バス停下車

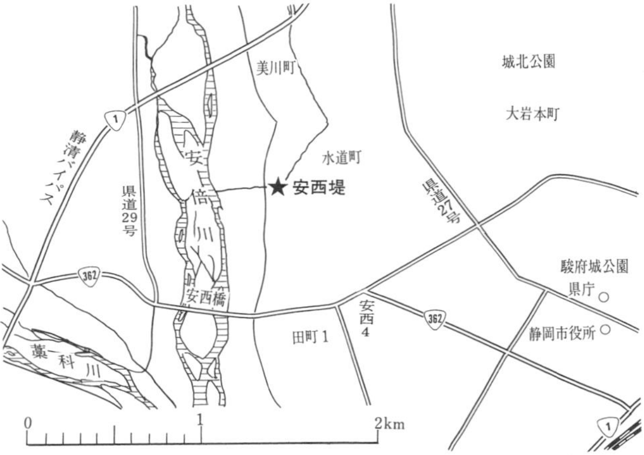

もっと
知りたい
川のはなし

Ⅳ 歴史のなかにも川がある

川から出てきた遺跡

青森には有名な三内丸山遺跡があるが、その近くの遊水地で大矢沢・野田遺跡が見つかった。この遺跡からは旧石器時代の埋没林、縄文時代の土坑墓・土器などが出てきたが、遊水地で見つかったのはとても珍しいことである

遺跡が川から見つかった大矢沢《おおやさわ》·野田遺跡（1998〈平成10〉年）は、青森市内を流れる堤川（荒川）支川の横内川で、多目的遊水地の建設工事中に見つかった。古いものでは約3万年前の旧石器時代の埋没林が遊水地内の河道跡で見つかった（**図8**）ほか、十和田火山の火砕流（高温の火山砕屑物と火山ガスが混合した密度流）に伴う火山噴出物が見つかった。十和田火山の火砕流に伴ってハンノキやヤチダモなどの樹木が流れてきて、河川の機能が弱まるなかで、土砂に埋没していった過程が明らかとなったのである（**写真44**）。このように古い遺跡が残っていたのは、この場所が低湿地で遺物へ酸素が供給されず、種子·花粉・植物質食料などが腐らずに保存されたためである。遊水地では他に縄文時代前期を中心とした土坑墓、土器などが発掘された。出土

図8　遺跡のなかの河道跡断面図［出典　末次：縄文遺跡と河川］

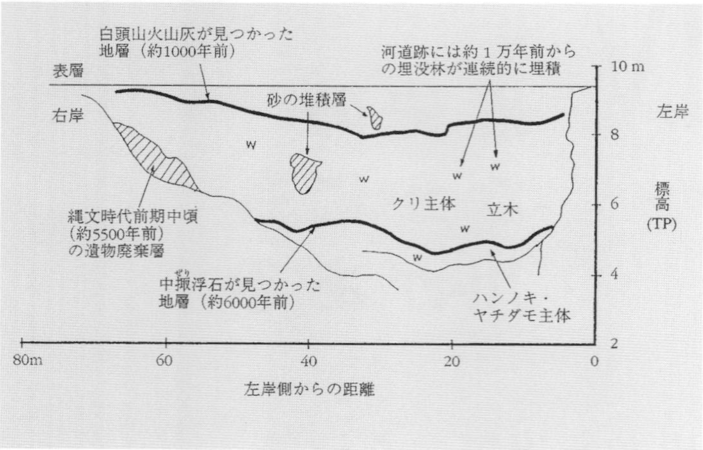

写真44　火砕流により倒木した埋没林
［出典　末次：縄文遺跡と河川］

当時は遊水地内の散策路で埋没林を見ることができたが、現在は別の場所でサンプルとして保管されているだけで、特に展示などは行われていない。

なお、横内川多目的遊水地は2003〈平成15〉年に完成した。遊水地は面積62.5ha、調節容量220万m^3で、洪水流量390m^3/sのうちの170m^3/sをカットする調節能力を有する。遊水地内は青森市スポーツ広場（野球場、テニスコートなど）、県総合学校教育センターなどとして利用されている。

【参考文献】
●資源エネルギー庁ホームページ
●国土交通省運輸安全委員会事務局資料
●日本財団図書館 （電子図書館）：船舶の河川航行に関する調査研究報告書、2013年
●国土交通省河川局河川環境課：平成21年度 河川水辺の国勢調査結果〔河川版〕（河川空間利用実態調査編）、2011年
●末次忠司：縄文遺跡と河川一遺跡で見る河川考古学一、水利科学、No.246、1999年

ACCESS アクセス

★大矢沢・野田遺跡の所在地：

青森県青森市大字大矢沢字野田

<大矢沢・野田遺跡への行き方は>
車なら――青森自動車道の青森中央ICを降りて、東へ1.5km
電車なら――青い森鉄道の東青森駅下車、南西へ2km

寄り道するなら

近くには青森三内丸山《さんないまるやま》遺跡があり、遊水地から西北西へ6kmのところに位置する。この遺跡は日本最大級の縄文集落跡（約5500～4000年前）で、竪穴住居跡、掘立柱建物跡、貯蔵穴、お墓などが見つかったほか、縄文土器、石器、土偶、木器、ヒスイ、黒曜石など、世界的にも貴重な遺物が発掘された。2000〈平成12〉年に国の特別史跡に指定された。

川に灯台がある？

岐阜の大垣は芭蕉が「奥の細道」の旅を終えた場所として有名であるが、水門川沿いには川の灯台がある。高さ8mの灯台で、かつての川港の面影がしのばれる

岐阜県大垣市は揖斐《いび》川、水門川、杭瀬川などが流れる水都である。大垣市船町には、住吉灯台という水門川（大垣城*の外堀）の灯台がある。これは江戸時代末期の元禄年間（1688 ~ 1704年頃）に、港の標識と夜間の目印として建てられた住吉神社の献灯で、1887〈明治20〉年に建て直された。高さが8mの四角形の寄棟造の木造灯台で、最上部の四方に油紙障子がはめ込まれている（**写真45**）。かつては菜種油で火を灯し、行き交う船の目印として活躍していた。

写真46　住吉灯台と船町港跡［撮影：著者］
船町港跡には瀬取船が浮かべられている。

写真45　近くで見た住吉灯台［撮影：著者］

＊大垣城は1535〈天文4〉年に築城された。

灯台が位置する船町港は、江戸～明治時代にかけて、大垣城下と伊勢を結ぶ運河「水門川」の河港で、物資（美濃和紙、生糸）の流通や交通の中心となっていた。美濃路に面する通りには常滑《とこなめ》方面から運ばれた大量の瓶《かめ》や土管が積み上げられ、瓶町とも呼ばれていた。船町港跡には瀬取船が浮かべられている（**写真46**）。灯台は水門川畔に位置し、船は水門川から揖斐川を経て桑名へ行くことができる。1883〈明治16〉年には大垣～桑名間に蒸気船が就航したが、昭和期に入ると、電車の開通により衰退していった。1968〈昭和43〉年に県の史跡に指定された。

灯台のある大垣は松尾芭蕉の代表的な紀行文「奥の細道」終焉の場所*で、1689〈元禄2〉年、芭蕉は船町湊で「蛤《はまぐり》のふたみに別《わかれ》行く秋ぞ」と詠み、奥の細道の旅を終えた。その後、芭蕉は伊勢の遷宮を拝もうと船町湊から舟に乗り、水門川から揖斐川を経て長島へと下っていった。住吉灯台の対岸には芭蕉と谷木因《たにぼくいん》（大垣の俳友）の像がある。芭蕉が大垣を訪れたのは木因の影響が大きい。JR大垣駅近くの愛宕《あたご》神社から船町港跡までの2.2kmに、「奥の細道」の行程2,400kmを凝縮した「ミニ奥の細道」や水門川遊歩道「四季の路」が整備されている。水門川沿いの遊歩道には、芭蕉が詠んだ句碑が22基設置され、芭蕉の俳句に親しむことができる。

2012〈平成24〉年には「奥の細道むすびの地記念館」がオープンした（**写真47**）。記念館は「奥の細道」を追体験できる「芭蕉館」、大垣藩の家老や植物学者などの先

写真47　奥の細道むすびの地記念館［撮影：著者］

＊松尾芭蕉は弟子の河合曾良《そら》とともに、1689〈元禄2〉年に江戸を出発して、約150日間をかけて、那須、平泉、酒田などを経由して、金沢から大垣に達した。芭蕉は当時低俗と言われていた俳諧を高度な芸術にまで高めた。

賢の偉業を紹介する「先賢館」、お土産の買い物ができる「観光・交流館」などで構成されている。記念館周辺では毎年春と秋に芭蕉祭が行われ、また、たらい舟（定員3名まで）による川下りが行われている。

ACCESS アクセス

★住吉灯台の所在地：岐阜県大垣市船町

<住吉灯台への行き方は>

車なら——名神高速道路の大垣ICより国道258号へ入り、大垣市民病院で県道57号へ左折して1km、または国道21号より国道258号へ入り、大垣市民病院で県道57号へ右折して1km

電車＋バスなら——JR東海道本線大垣駅南口から名阪近鉄バスで7分、「奥の細道むすびの地記念館前」バス停下車、徒歩2分、または養老鉄道養老線の西大垣駅下車、徒歩12分

寄り道するなら

岐阜には住吉灯台以外に川湊灯台（美濃市）や川灯台（岐阜市）がある。いずれも長良川沿いにあり、川湊灯台は金森長近により築かれた上有知《こうずち》湊の灯台で、高さが9mある。川灯台は1997〈平成9〉年3月に完成した長良広場にあり、対岸の川原町にも灯台がある。

伝説の竜神

八岐大蛇は単なるフィクションではなく、実は氾濫流を模した伝説の竜であった。昔、中国地方の斐伊川流域などでは、刀剣を製作する製鉄のために山の木を伐採し、土砂を川に流したために、洪水・氾濫が頻発したのである

八岐大蛇《やまたのおろち》の話は聞いたことがあるだろう。でも、この大蛇が歴史的にどういう意味を持っていたかを正確に説明できる人は少ない。八岐大蛇は日本神話に登場する伝説の生き物で、奈良時代の日本書紀に記述がある（古事記では八俣遠呂智と表記）。記紀神話によると、八岐大蛇は年ごとに一人ずつ娘を食う。足名椎《あしなづち》・手名椎《てなづち》の夫婦に娘の奇稲《くしな》田姫《だひめ》を貢上させるが、素戔嗚尊《すさのおのみこと》が酒槽《さかぶね》で退治した。この大蛇は八つの頭と八つの尾を持つ竜であった。

2012〈平成24〉年に、古事記編纂1300年を迎えた。古事記に登場する神話の1/3を占めるのが出雲神話である。なかでも、素戔嗚尊の八岐大蛇退治は有名で、島根県雲南市や奥出雲町などに八岐大蛇伝説ゆかりの地がある。例えば、

- 天が淵（雲南市木次町湯村）：八岐大蛇が住んでいた所
- 八本杉（雲南市木次町里方）：素戔嗚尊が倒した八岐大蛇の首を埋め、8本の杉を植えた所（**写真48**）
- 草枕山の草枕（雲南市加茂町神原98）：八岐大蛇が八塩折《やしろおり》の酒を飲んで酔っ払い、草を枕に寝ているところを素戔嗚尊に退治された（**写真49**）

などがある。

歴史的に見ると、島根・鳥取県境の船通《せんつう》山系を源とする斐伊《ひい》川、日野川流域などでは、海外から製鉄技術が導入される明治時代まで刀剣製作のための「たたら製鉄」が盛んに行われていた。製鉄のための砂

写真48　八岐大蛇の首を埋めた八本杉［撮影：著者］

写真49　八岐大蛇が寝ていた草枕山［撮影：著者］

鉄を採取する際、山肌を削って土砂を川に流し、河川の流れと比重の違いで砂鉄を分離する「かんな流し」が行われ、いらなくなった土砂を川に流した。その結果、山が荒れ、また大量の土砂が河道に堆積し、河床上昇した河道（天井川）で洪水が発生した。この河道からの氾濫流が大蛇に見立てられたのである。すなわち、八岐大蛇のオロチとは水を支配する竜神であった。河川流域の地質は風化花崗岩が多く、これも生産土砂量が多くなった原因であり、斐伊川下流域では今でも周辺地盤に比べて、河床高が3～4mも高くなっている。また、河道内に見られる網状砂州も大蛇として神格化した。

ちなみに、京都大学の試算によると、「たたら製鉄」に伴う河道へ

写真50　斐伊川放水路へ分流する分流堰［撮影：著者］起伏ゲート5門（流量調整）、制水ゲート2門（流下制御）からなる。下流には土砂を貯める沈砂池15万m^{3}がある。

の廃砂量は、明治時代が32万m^3／年であったのに対して、1949〈昭和24〉年は3～5万m^3／年へと激減した。しかし、水害被害はなくなってはおらず、1972〈昭和47〉年の豪雨に伴い、斐伊川は破堤寸前の危険な状況となり、宍道《しんじ》湖の増水により松江市街地や出雲空港などの約70km^{2}が1週間以上にわたって浸水し、約25,000戸の家屋が浸水するという甚大な水害が発生した。2006〈平成18〉年にも水害が発生した。

斐伊川水系の洪水対策としては上流ダム群、斐伊川放水路、大橋川改修の3点セットがある。斐伊川の尾原《おばら》ダムでは2,500m^3/sのうちの900m^3/sをカットし、神戸《かんど》川の志津見《しつみ》ダムでは1,400m^3/sのうちの500m^3/sをカットする計画である。両ダムは平成23年度に完成した。斐伊川放水路は1981〈昭和56〉年に工事に着手し、2013〈平成25〉年の6月に供用開始した（**写真50**）が、まだ洪水が流入したことはない。この放水路は斐伊川中流部から人工的な放水路（延長13.1km）を通じて、洪水を神戸川に分流するもので、斐伊川の流量が400m^3/s（1年に1、2回の発生頻度）を超えると放水路へ分流を始め、斐伊川の計画高水流量4,500m^3/sのうちの2,000m^3/sを放水路へ分流する計画である（確率1/150対応洪水）。一方、本川下流の大橋川は流下能力向上のため、下流で川幅を130mから170mに拡

写真51　大国主大神の仮の住まいである「御仮殿」[撮影：著者]

幅するなどの予定である。なお、斐伊川には井上橋などの沈下橋がある。

斐伊川中流の西には大国主大神《おおくにぬしのおおかみ》を祀る出雲大社があり、2008〈平成20〉年から2016〈平成28〉年にかけて、60年ぶりの大遷宮が行われ、大勢の観光客が参拝している（**写真51**）。伊勢神宮の式年遷宮が20年ごとに新たな正殿が建て替えられる*のに対して、出雲大社の大遷宮では主に大屋根の檜皮《ひわだ》の葺き替えや風雨で腐朽した部材の修理が行われ、この新たな本殿にご神体を迎えるものである。大屋根は職人の手により、約70万枚の新たな檜皮で葺き直された。

【参考文献】
●道上正規・鈴木幸一・定道成美：斐伊川の土砂収支と河床変動の将来予測、京都大学防災研究所年報、第23号B-2、1980年
●読売新聞朝刊　国際日本文化研究センター　ジョン・ブリーン教授：変遷する聖地のイメージ、2013年9月16日
●読売新聞朝刊、2013年10月9日

＊伊勢神宮は内宮が690年、外宮が692年に初めて式年遷宮が行われ、その後1300年以上続いている。遷宮は皇室ゆかりの太陽の神様（天照大神：あまてらすおおみかみ）のご神体の約300m離れた新しい社殿へのお引越で、「清らかな場所で若々しくする」という神道の常若（とこわか）に由来するものであるが、その意図は屋根の破損の補修などだけでなく、神様の服や刀などもすべて新しくし、また神の威力を活性化させることも目的である。近年パワースポットとしても人気を集めている。

ACCESS アクセス

★八本杉の所在地：島根県雲南市木次町里方

＜八本杉への行き方は＞

車なら――山陰自動車道宍道JCTより松江自動車道へ入り、三刀屋木次ICで降り、国道54号を北東へ約2km

電車なら――JR山陰本線の宍道駅経由で、JR木次線の木次駅下車、北へ約1.5km（目印は武田ランドリー）

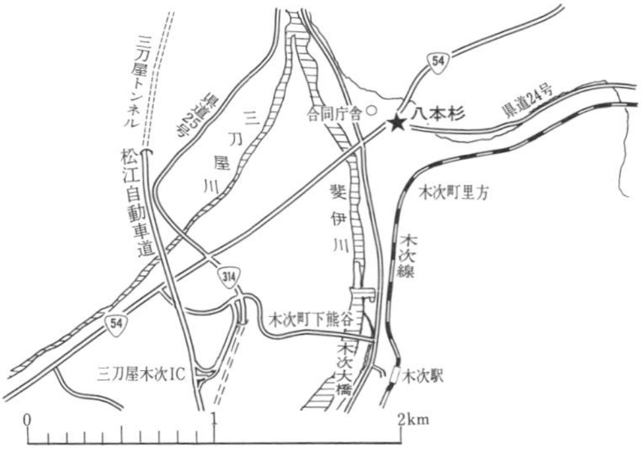

★草枕山の所在地：島根県雲南市加茂町神原98

＜草枕山への行き方＞

車なら――国道9号から斐伊川左岸の県道26号へ入り上流へ行き、森坂地区の橋で右岸の県道197号に入り、県道157号との分岐点近く

電車なら――JR木次線の加茂中駅下車、西へ約3km

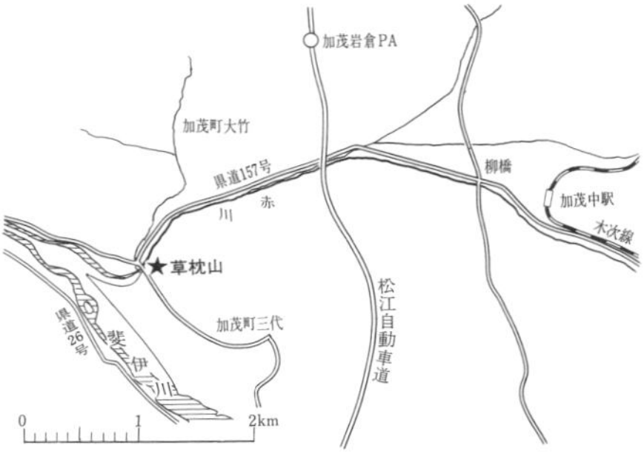

★**放水路分流堰**の所在地：島根県出雲市大津町来原～出雲市塩冶町半分（斐伊川放水路）

＜放水路分流堰への行き方は＞

車なら――国道9号から斐伊川左岸の県道26号を経て南（上流）へ

電車なら――一畑電車北松江線の出雲科学館パークタウン前駅下車、南東へ

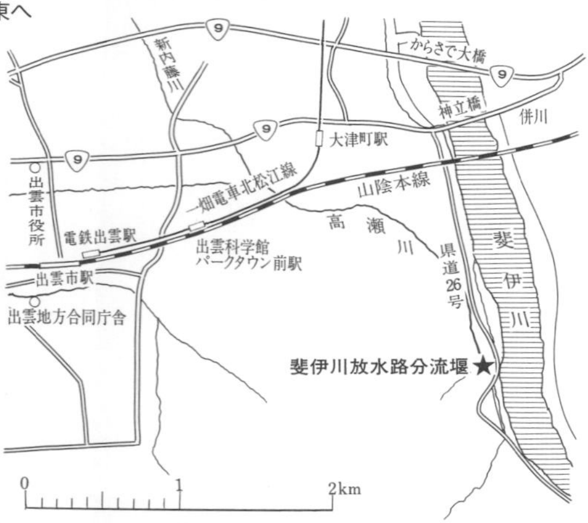

寄り道するなら

斐伊川放水路の分水先は神戸川だ。神戸川には1928〈昭和3〉年に竣工した灌漑用の取水堰堤である神戸堰があった。6つの多連アーチ固定堰（マルチプルアーチ）で、近代土木遺産に登録されていた。斐伊川放水路事業に伴って、洪水流下時に支障となることから撤去され、旧堰の下流に鋼製起伏ゲート4門の可動堰（高さ約3m、長さ198m）が建設された（写真52）。また、旧アーチ堰に代わって、16連アーチ堰も復元されている。

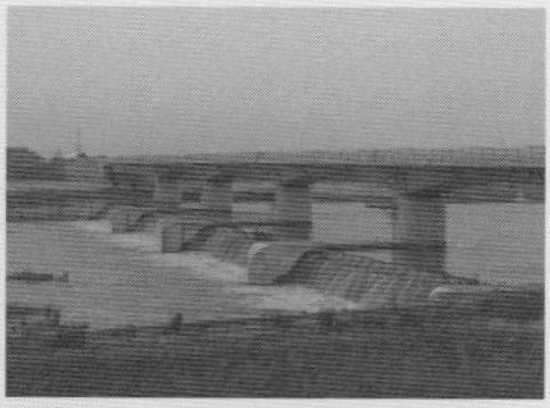

写真52　神戸堰可動堰［撮影：著者］
起伏ゲート4門からなり、両岸に魚道が設置されている。

ダムではなく橋から放水

放水が行われるのはダムだけでなく、橋からも行われる。橋から放水される光景は実に見事で、熊本の通潤橋から放水される3本の水脈は多数の観光客に大きな感動を与えている

ダムマニアでなくても、ダムからの放流は見ている者を圧倒する。しかし、熊本では橋からの放水を見ることができる。この橋は通潤橋《つうじゅんきょう》と呼ばれ、惣庄屋の布田《ふた》保之助《やすのすけ》により計画・資金調達され、1年8カ月かけて江戸末期の1854〈嘉永7〉年に築かれた石橋の眼鏡橋である。九州には大分、鹿児島などに多数の石橋があるが、通潤橋は高さが20.2m、長さが75.6mもある国内最大の石橋である。熊本県上益《かみまし》城《き》郡山都《やまと》町にあり、緑川支川の五老ケ滝川の谷に架かっている。

通潤橋は水源に乏しく、農業に適していないと言われていた白糸台地に緑川上流の笹原川から用水路を引く目的で作られた。しかし、深い谷をまたいで送水することは技術的に難しく、布田が橋を架けて送水することを考えたのである。ここまで大きな石橋を作るには石工の大変な努力があったわけだが、木枠の支保工を組んで、その上に石をアーチ状に設置し、支保工を取り外して作られた。石工としては肥後で有名な宇一、丈八、甚平などが貢献した。石橋は台地より低い位置に作られたため、送水するには逆サイフォンの原理*を用いる必要があったが、問題はその水圧に耐えられる石樋構造かどうかであった。最初は導水管の石の継ぎ目から水漏れしたが、これに対して漆喰《しっくい》を詰め、締め固めて密封することで解決した。結局、幅6.3mの橋に3本

＊U字形構造の連通管で、高さ7.5mの箇所から水が流下し、その勢いで白糸台地の高さ5.8mの箇所まで水が上がっていく仕組みである。「立体交差する川あれこれ」で記述している埼玉県白岡市の柴山伏越も、逆サイフォン構造である。

写真53　送水のための3本の石管［撮影：著者］

写真54　観光放水されている通潤橋
［写真提供：熊本県山都町商工観光課］

の石管（長さ126.9m）が設置された（**写真53**）。この水路のおかげで、下流の170haの田畑が潤っている。

では、なぜ放水しているかであるが、本来用水路に入ってきた砂や葉っぱが水路の低い箇所に貯まらないよう、定期的に放水して取り除く必要があったからである。そのため、年に1回放水されていた。国の重要文化財に指定された後は用水路としての役目はなくなり、観光用に土・日・休日の正午に3カ所（上流2カ所、下流1カ所）の木栓をはずして、20 ～ 30分間放水している（**写真54**）。ただし、田植えが行われる5 ～ 7月下旬は放水は行われない。観光放水以外では、予約放水が1日1回限りで行われている。1回1万円の費用を要する。

一方、熊本県矢部町では9月の第一土曜と日曜に八朔《はっさく》祭が行われる。この祭りは江戸時代中期から続くもので、田の神に豊作を祈願するものである。八朔祭のときだけ、花火の打ち上げと同時に夜間放水が行われる。なお、通潤橋は1960〈昭和35〉年に国の重要文化財に指定されたほか、2006〈平成18〉年には農林水産省の疏水百選にも選定された。また、1991〈平成3年〉には橋と白糸台地一帯の棚田景観を併せて、国の重要文化的景観（美しい日本のむら景観百選）に選定された。対象地域の面積は約63.8haである。他に1996〈平成8〉年に水の郷百選、日本の音風景百選にも選ばれた。

【参考文献】
●熊本県山都町ホームページ

ACCESS アクセス

★通潤橋の所在地：熊本県上益城郡山都町長原

＜通潤橋への行き方は＞

車なら――九州自動車道の御船ICを降りて、国道445号を山都町役場方面へ約30km。役場経由で県道180号を左折し、東へ800m（熊本空港から約70分：近くに行くと看板あり）

バスなら――熊本交通センターから通潤山荘行きの熊本バスで、約1時間半、通潤橋前バス停下車

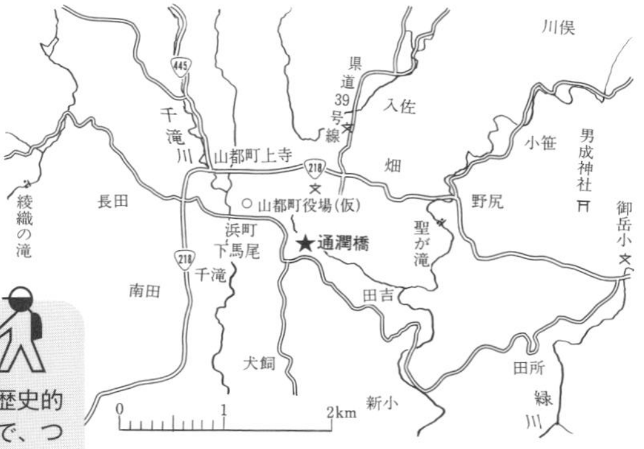

寄り道するなら

通潤橋の近くには歴史的な石橋が多数あるので、ついでにぜひ訪れてみたい。

もっと
知りたい
川のはなし

V 自然が造り出す天然・芸術美

幻想的な霧が流れる風景

愛媛県大洲市の肱川で冬に見られる肱川あらしは、飛行機から雲海を見ているようで、とても幻想的な風景である。肱川で発生する霧とV字谷の地形が生み出す風景で、冬の風物詩として有名である

肱川あらし（または長浜あらし、肱川おろし）とは、愛媛県の大洲《おおず》市で10月頃から3月頃の間に見られる、とても幻想的な冬の風物詩である。河口近くの長浜大橋付近では、速いときで毎秒20mの強風が観測され、大規模なあらしは沖合数kmにまで達する。肱川からの水蒸気が大洲盆地にたまって、夜に地表が放射冷却現象で冷え込むと霧（雲海）が発生する。気温が下がると、川から直接霧が発生することもある。肱川あらしはこの冷気の霧を伴った強風のことで、盆地が高気圧で覆われた穏やかな日（日没から翌日の正午）によく見られる。**写真55**と**写真56**を比べてみると、肱川あらしで覆われた様子がよく分かる。なお、肱川における霧の発生は多く、1957〈昭和32〉年には1年の1/3以上にあたる151日間、1968〈昭和43〉年

写真55
あらしのない肱川
［提供：国土交通省大洲河川国道事務所］

写真56
幻想的な肱川あらし
［提供：国土交通省大洲河川国道事務所］

の11月には1カ月の3/4以上にあたる23日間にわたって、霧が発生したという記録がある。

肱川あらしが発生するもう一つの原因は、肱川流域の地形にある。肱川は大洲盆地から河口にかけて、山が迫ったV字谷が約10kmにわたって続き、この狭い空間を下る間に風が強くなる天候のとき、この霧が下流から一気に海へ流れ出すと、あらしと呼ばれる強風となる。河口近くの山の上（標高159m）には肱川あらし展望公園があり、霧が町を飲み込みながら、海へ流れていく様子を見ることができる。また、伊予灘や沖の島々の美しい景色を遠くに望むことができる。

このように、肱川は下流でも山が迫っていること、また源流から河口までの直線距離が短いのが特徴である。山が迫っているのは、約200万年前から肱川は既に現在の流路を流れていて、山が隆起により高くなると、その山を川の流れが削って流路を保ってきたからである。また、肱川は愛媛県西部に位置し、降水量の少ない地域にあって、柑橘類の果樹農家などにとっては貴重な用水供給源となっている。一方、大洲盆地北東部にある矢落《やおち》川合流点は、地形特性上、浸水しやすい浸水常襲地帯となっている。

【参考文献】

●国土交通省大洲河川国道事務所：パンフレット「サイエンス 肱川、2005年」

ACCESS アクセス

★肱川あらし展望公園の所在地：愛媛県大洲市長浜

<肱川あらし展望公園への行き方は>

車なら——国道378号の大洲警察署長浜交番から県道330号へ入る

電車なら——JR予讃線の伊予長浜駅下車、南へ約400m（山道を登るので、実距離は長い）

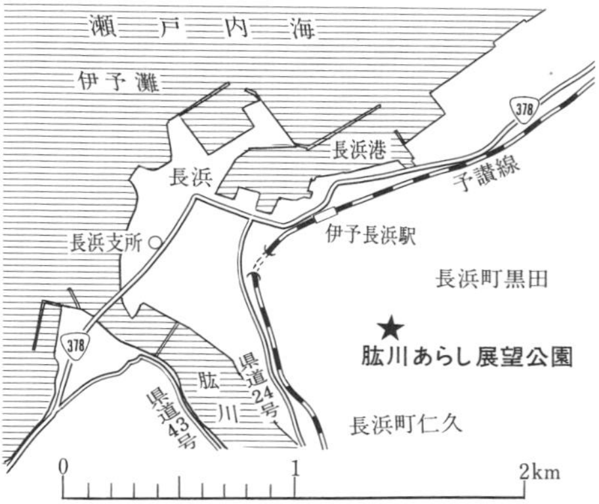

寄り道するなら

河口近くの長浜大橋へ、ぜひ行ってみたい。この大橋は日本最古の道路可動橋（バスキュール式:跳ね上げ式）で、橋長226mのうち、中央部の18mを開閉することができる。木材や生活物資の舟運のために、1935〈昭和10〉年に竣工し、赤橋の愛称で親しまれている。以前は幹線道路橋であったが、現在は生活道路橋として使われている。1998〈平成10〉年に国の登録有形文化財に登録された。

壁に刻まれた奇妙な岩肌

山梨県の甲府にある昇仙峡には珍しい花崗岩地形が多数あり、猿・亀・ラクダに似た奇石や、僧侶にちなんだ覚円峰、龍のウロコに似た登竜岩など、多彩な地形を目のあたりにできる

昇仙峡は富士川上流の荒川*沿いに見られる花崗岩*地形で、猿、亀、ラクダに似た奇石が多数ある。昇仙峡は正式には御嶽《みたけ》昇仙峡と呼ばれる。昇仙峡沿いの道はもともと御嶽新道と呼ばれ、江戸時代後期に農民の長田《おさだ》円《えん》右衛門《えもん》が私財と周辺の村々からの寄付で切り開いた道である。昇仙峡は奥多摩湖、日原《にっぱら》鍾乳洞、秩父湖などがある秩父多摩甲斐国立公園に属した国の特別名勝で、甲府から車で約30分と近く、紅葉期がベストシーズンである。長潭《ながとろ》橋から仙娥《せんが》滝に至る約4kmのV字谷区間内に、新第三期中新世中期の花崗岩が侵食されてできた覚円峰、天狗岩、登竜岩などの奇岩や甌穴《おうけつ》が多数見られる。甌穴とは、岩石のくぼみに入った礫が水流により回転してできた円形の穴である。甌穴がつながり、侵食が進むと、らくだの背のような「らくだ岩」や富士山のすそ野を連想させる「富士石」となっていく。

写真57の高さ180mの覚円峰は昇仙峡の主峰で、平安時代に頂上で僧・覚円が修行したことから名づけられた。また、登竜岩は花崗岩の亀裂に輝石安山岩が入り込んだ珍しい地形で、幾筋も入った裂け目が竜のウロコのように見えることから登竜岩と呼ばれている（**写真58**）。春には新緑の緑、秋には紅葉の赤、それらと花崗岩の白さ・清流が織りなす渓谷美を堪能することができる。昇仙峡は1923〈大正

＊荒川は甲府市と甲斐市にまたがって流れる流路延長34km、流域面積138km^2の1級河川で、笛吹川の支川である。
＊花崗岩：地下深い所でマグマがゆっくり固まってできた深成岩で、土地が隆起して地表に現れると、風化や流水により節理（冷却によりできた規則性のある割れ目）が発達する。

写真57　昇仙峡の主峰である覚円峰［撮影：著者］

写真58　巨竜が昇天するような登竜岩［撮影：著者］

12〉年に国の指定名勝に指定されたほか、1927〈昭和2〉年に日本二十五勝、1953〈昭和28〉年に国の特別名勝に指定された。1950〈昭和25〉年の毎日新聞社の全国名勝地百選で渓谷の部の1位に入選してから全国的に知られるようになった。また、2008〈平成20〉年には平成の名水百選に、2009〈平成21〉年には読売新聞社の日本平成百景に選ばれ、富士山に次いで2位にランキングされた。

ところで、川とは関係ないが、甲府盆地でブドウやモモが多く採れる理由をご存知だろうか。甲府盆地は内陸気候で、夏暑く、冬寒く、降雨量が少なく、日照時間が長く、空気が乾燥しているからである。今から約800年前に雨宮《あめみや》勘解由《かげゆ》という人が野生のブドウを改良し、甲州種をつくり出した頃からブドウ栽培が盛んになった。2012〈平成24〉年産実績で、山梨県の収穫量全国シェアはブドウが24.6%（2位は長野の15.3%）、モモが33.1%（2位は福島の20.3%）と高く、まさにフルーツ王国である。

【参考文献】
●山梨県高等学校教育研究会地歴科・公民科部会編：歴史散歩⑲山梨県の歴史散歩、山川出版社、2007年
●西宮克彦：富士川をさぐる－河川のいとなみ、大日本図書、1978年

ACCESS アクセス

★昇仙峡の所在地：山梨県甲府市高成町

＜昇仙峡への行き方は＞
車なら――中央自動車道の甲府昭和ICを降りて、県道7号を経て昇仙峡ラインを約10km上る
電車＋バスなら――JR甲府駅より山梨交通バスの昇仙峡方面行きで約30分、昇仙峡口下車

寄り道するなら

昇仙峡から北へ1kmの場所に「水晶の博物館　クリスタルサウンドー双晶ー」がある。水晶が有名な甲府ならではの博物館で、庭に12トンの白水晶モニュメントがあるほか、「美晶水晶コーナー」では、自然が作り出した美しい水晶クラスター、鉱石を使った現代アート作品などが展示されている。毎日9～17時に開館している。

日本のグランドキャニオン

アメリカのグランドキャニオンが山梨に出現！　昭和57年の台風に伴う洪水により、釜無川にグランドキャニオンのような峡谷地形ができ、地質学的に貴重な資料が得られた

1982〈昭和57〉年8月に来襲した台風10号および低気圧による大雨は、富士川流域に甚大な被害をもたらした。特に山梨県早川町や大月市で甚大な被害が発生した。台風に伴う洪水は河川地形を変化させ、ミニ・グランドキャニオンと呼ばれる地形を富士川上流の釜無川に作った。現在の山梨県北杜市白州町にある国界橋の下流1.8km区間の川が洪水により幅数m~30m、深さ7 ～ 15mほど侵食され、両岸の壁が垂直に切り立った峡谷が形成された。侵食区間は上流から、縦侵食によりそり立ったV字谷、横侵食された凹字谷（**写真59**）、その下流は侵食または堆積区間となった。釜無川は過去20 ～ 30年で2 ～ 3m河床が低下した（1年で10cm程度低下）ことから考えると、この台風による洪水は100年分の侵食を引き起こしたと言える。なお、アメリカ・コロラド州のグランドキャニオンの峡谷に似た地形のため、ミニ・グランドキャニオンと称された。

この地域は活断層である糸《いと》魚《い》川《がわ》ー静岡構造線*に沿った地域で、かつ砂利採取に伴って侵食されやすい軟岩が河床に露出していたため、洪水により大きく洗掘された。すなわち、糸魚川ー静岡構造線の一部が侵食されたのである。洪水の侵食力はすさまじく、河原の砂礫を運んだだけでなく、川底の岩盤も削り、多数の甌穴を作った。ミニ・グ

＊延長140 ～ 150kmの断層帯で、混同されやすいフォッサマグナは糸魚川ー静岡構造線から東に広がる大地溝帯である。フォッサマグナはドイツ人地質学者のナウマンにより1886〈明治19〉年に発見された。糸魚川ー静岡構造線が線であるのに対して、フォッサマグナは面で構成されている。

写真59　洪水による侵食直後の凹字谷
［出典　口野著：ミニ・グランドキャニオン］

写真60　現在の国界橋下流の左岸に見られる地形［撮影：著者］

ランドキャニオンの岩盤は軟らかかったため、大規模な甌穴となり、東洋一の甌穴と言われた。小規模な甌穴は甲府の昇仙峡などでも見ることができる。甌穴の写真例は「潜ってしまう橋」に掲載している。

ミニ・グランドキャニオンが出現した場所では、他に、

●糸魚川ー静岡構造線の断層（露頭）

●植物化石‥‥右岸の泥炭層（段丘地形）に見られた樹齢300～400年のマツ科の樹根

●植物種子の化石‥‥砂礫層からマツ科などの球果の化石

などの地質学的に貴重な資料が出現した。

1982〈昭和57〉年10月末から11月初めにかけて、ミニ・グランドキャニオンを一目見ようと1日5,000人もの見物客が押し寄せた。そして、11月に見物に来た長野の小学生の転落事故があったため、十分な地質調査が行われないうちに、右岸の絶壁は切り崩され、左岸のみが残された（**写真60**）。なお、糸魚川－静岡構造線については、「川で直接見れる断層」に詳細に記述している。

【参考文献】

●田中収監修・口野道男著：大自然の驚異　ミニ・グランドキャニオン、山梨日日新聞社、1983年

ACCESS アクセス

★ミニ・グランドキャニオンの所在地：

山梨県北杜市白州町

＜ミニ・グランドキャニオンへの行き方は＞

車なら――国道20号を北杜市方面へ行き、サントリー白州工場から北西へ約4kmにある国界橋の下流へ

電車なら――最寄り駅なし（JR中央本線甲府駅から車で約1時間または小淵沢駅から徒歩1時間）

寄り道するなら

ミニ・グランドキャニオンから南東24kmの場所にある甲府市の「昇仙峡」が観光ポイント、また興味深い地形として有名である。

川で直接見れる断層

断層と言うと、地震などを引き起こす、何かおぞましい地中の悪魔という感じがする。山梨の早川沿いでは、この断層を直接見ることができる。有名な糸魚川ー静岡構造線の露頭は、地質学者でなくても必見のポイントである

地震が発生すると、原因となる断層の説明が行われる。この断層を間近に見ることができる川のポイントがある。山梨県早川町の早川沿いでは、**写真61**の新倉《あらくら》から西山温泉にかけて断続的に糸魚川ー静岡構造線の露頭（地表面に露出した箇所）を見ることができる。写真は早川支川内河内《うちごうち》川左岸の断層で、右上から左下に伸びる線が西に傾斜した逆断層*となっている断層線で、目で直接見られる貴重な地質ポイントとなっている。断層の左側（西側）は四万十帯の黒色粘板岩、右側（東側）はフォッサマグナの火山岩類である緑色凝灰岩で、西側が古く、東側が新しい地層である。この断層は約1500年前に大規模な横ずれ断層として誕生したものである。2001〈平成13〉年に国の天然記念物、2007〈平成19〉年に地質百選に選ばれた。断層のある早川町では、降雨等に伴う土砂崩れが頻繁に発生している。すなわち、断層や構造線が走っているということは山の隆起や土砂生産が活発なことを意味している（**写真62**）。ちなみに、早川合流後の富士川の流砂量は早川の土砂が約半分である。

この糸魚川ー静岡構造線は、新潟県糸魚川市の親不知《おやしらず》から静岡市駿河区の安倍川に至る延長140 ～ 150kmの大断層線で、東北大の地

＊逆断層：水平方向に地殻に圧縮する力が作用したとき、乗り上げている側の岩盤（上盤）が下盤の上にさらに乗る方向に移動してできた断層。

写真61　糸魚川－静岡構造線の露頭［撮影：著者］

写真62　早川に堆積した土砂の様子［撮影：著者］
流砂量の多い早川では、大きな岩も流れてくる（早川中流の新倉付近）。

質学者である矢部長克《ひさかつ》が提唱した。糸魚川－静岡構造線は、新第三期中新世後期までは東西方向に引っ張られる力により、大きな陥没地帯であるフォッサマグナ（大地溝）が形成され、このU字型の溝に第三期の火山岩と堆積岩が埋積した。中新世末期以降、力の方向の変化により、隆起と沈降を示す地形が出現した。なお、フォッサマグナの中央部には、断層へのマグマの貫入により、富士山や浅間山など南北方向に火山の列が貫いている。

【参考文献】
●砂田憲吾・中村良光他：河床材料の礫種構成に基づく水系土砂移動特性の把握の試み、土木学会第58回年次学術講演会講演集、pp.499 ～ 500、2003年

ACCESS アクセス

★**糸魚川－静岡構造線の露頭**の所在地：

山梨県南巨摩郡早川町新倉

＜糸魚川－静岡構造線の露頭への行き方は＞

車なら――国道52号を富士川沿いに南下し、飯富交差点を右折して県道410号へ入り、早川右岸側の道路が広いので橋を渡って県道37号へ入り、早川第三発電所から北へ500m（700m手前に看板あり）。トンネルとトンネルの間の道路西側に駐車場あり

電車なら――JR身延《みのぶ》線の波高島駅下車、北西へ約14km

寄り道するなら

早川断層から南へ15km行った所に南畑《みなみはた》ダムがある。これは日本軽金属が、アルミニウム精錬のために1967〈昭和42〉年に作った自家発電用のアーチダムで、堤高が80.5m、総貯水容量が1,100万m^3である。おもしろいのは、南畑ダムは貯水池における堆砂が進行しているため、南畑湖から土砂を掘削し、その土砂をベルトコンベアで運搬していることである。

もっと
知りたい
川のはなし

VI 我こそは一番なり

日本一短い川

日本一長さが短い本川は沖縄にあり、短い支川は和歌山にある。沖縄の塩川は長さ300mで、塩水が湧き出す珍しい川である。また、和歌山のぶつぶつ川は13.5mしかない短い川である

塩川は沖縄県本部《もとぶ》町にある川で、全長約300m、幅約4mの本川（海に流れ込む主な川）としては日本でもっとも延長が短い河川である。溶けた石灰岩が塩水となって湧き出す川で、国内で唯一塩分濃度の高い川として1972〈昭和47〉年に国の天然記念物に指定された。塩水が湧き出す川は、世界中で塩川とプエルトリコの川だけである。プエルトリコは中米ドミニカ共和国の東に位置するアメリカ領である。なぜ川から塩水が湧き出すのかの理由は不詳であるが、塩川は地下で海につながっているというサイフォン

写真63 泉から湧き出て、長さ13.5mのぶつぶつ川［撮影：著者］

写真64　合流して海水浴場へ流れるぶつぶつ川［撮影：著者］
粉白川（左）と合流して、手前にある海水浴場へ流れている。

説が有力である。サイフォンとは、水塊と水塊がパイプ状の水みちでつながっている構造のことを表す。

一方、支川（本川に流れ込む川）では粉白《このしろ》川支川ぶつぶつ川がなんと13.5mともっとも延長が短い（**写真63**）。ぶつぶつ川は和歌山県那智勝浦町を流れる川で、法指定河川*としてはもっとも延長が短い。川幅も広い所で1m程度である。水源である泉から湧き出て、粉白川に合流してから、玉の浦海水浴場へ流れている（**写真64**）。ぶつぶつ川の名前の由来は、川底から水が沸々と湧き出ることからきている。なお、他の短い河川としては、2級河川では北海道のホンベツ川（延長30m）、市町村が管理する準用河川では山形の東町塩野川（15m）などがある。ちなみに、日本最長の河川は信濃川の367km（幹川流路延長）で、流域面積が日本最大の河川は利根川（16,840km^2）である。

＊法指定河川とは、河川法が適用される1級河川、2級河川、準用河川を言い、河川法の適用を受けない河川は普通河川と呼ばれる。

ACCESS アクセス

★塩川の所在地：沖縄県国頭郡本部町字崎本部塩川原

＜塩川への行き方は＞

車なら――国道449号で本部町の南方面へ

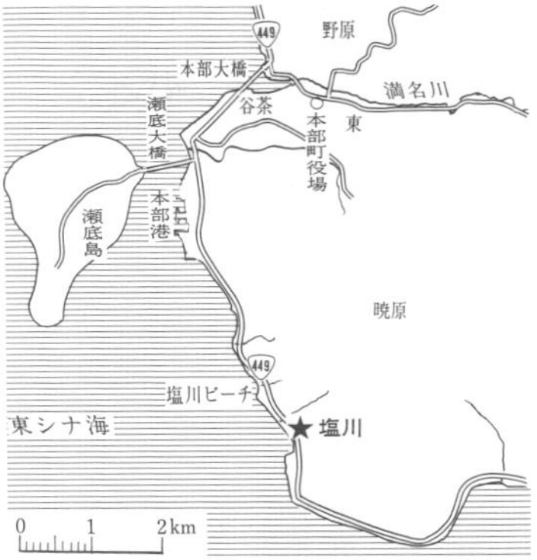

★ぶつぶつ川の所在地：和歌山県東牟婁郡那智勝浦町粉白

＜ぶつぶつ川への行き方は＞

車なら――国道42号の玉の浦トンネルの南側、または県道239号を南下し、下里保育所先を西へ

電車なら――JR紀勢本線下里駅で下車、南へ約1.3km（徒歩15分）

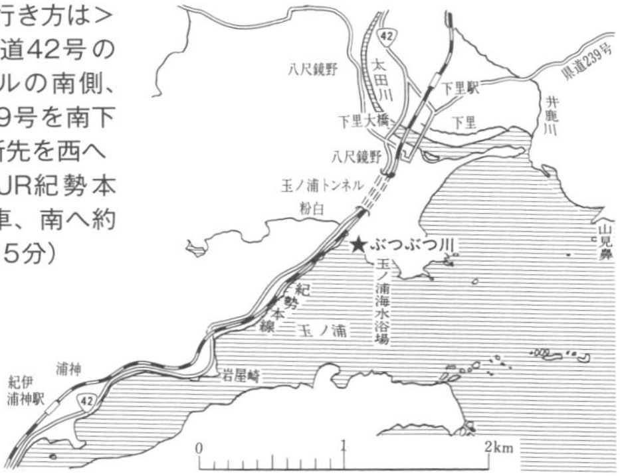

ぶつぶつ川から寄り道するなら

車で約1時間走れば、大塔川の川湯温泉や世界遺産の熊野本宮大社がある。詳しくは「温泉が出る川」を参照。

第一白川橋梁

熊本にある第一白川橋梁は高さの高い鉄道橋梁で、原生林のなかに建設された深紅の橋梁風景はまさに芸術作品と言ってよいぐらいである

第一白川橋梁は1928〈昭和3〉年に完成した日本最初の鋼鉄道橋で、熊本市を流れる白川の上流にある（**写真65**）。鉄道省時代の先駆的な橋で、水面からレールまでの高さ約62mは当時日本一であった。この高さは、1972〈昭和47〉年に宮崎にできた第三セクター運営の高千穂鉄道高千穂線に抜かれたけれども、本州四国連絡橋・瀬戸大橋の高さをしのぐものである。第一白川橋梁は、長さが166.3mで最大支間長が91.44mの芸術的なアーチ橋である。技術的には、日本で最初の張り出し工法が採用され、両側から跳ね出しながら伸ばして、中央で閉合する方式で建設された。深紅の橋梁は、北向山《きたむきやま》原生林が生い茂った渓谷のなかで際立っている。

この橋梁は南阿蘇鉄道によって管理・運営され、黒川（白川支川）と白川の合流点近くにあって、熊本県阿蘇郡南阿蘇村と菊池郡大津町の間に位置する。合流点からは見事な黒川の立野峡谷を見ることができる。南阿蘇鉄道は、1986〈昭和61〉年に国鉄高森線廃止に伴ってできた第三セクターの鉄道である。4～10月の土・日、および春・夏休みは毎日2往復トロッコ列車が走っている。

白川には阿蘇山系から大量の土砂（特に火山灰ヨナ）が流下して白く濁ることから、白川の名称がついた。河道計画では河道断面の1割が土砂流下断面とされるなど、全国的にも珍しい河道計画となっている。ちなみに、色の名前がついた河川には他の水系では、

●黒川：那珂川水系（福島、栃木）、利根川水系（栃木）、信濃川水系（新潟）、木曽川水系（岐阜、長野）、白川水系（熊本）、厚東《ことう》川水系（山口）

写真65　新長陽大橋から見た第一白川橋梁［撮影：著者］

●赤川（山形）、紫川（福岡）、緑川（熊本）などがある。

ACCESS アクセス

★第一白川橋梁の所在地：

熊本県阿蘇郡南阿蘇村と菊池郡大津町

＜第一白川橋梁への行き方は＞

車なら——国道57号沿いの立野駅を過ぎて、県道174号へ入り、新長陽大橋へ行く

電車なら——JR豊肥線立野駅で下車、南阿蘇鉄道立野駅と長陽駅の間

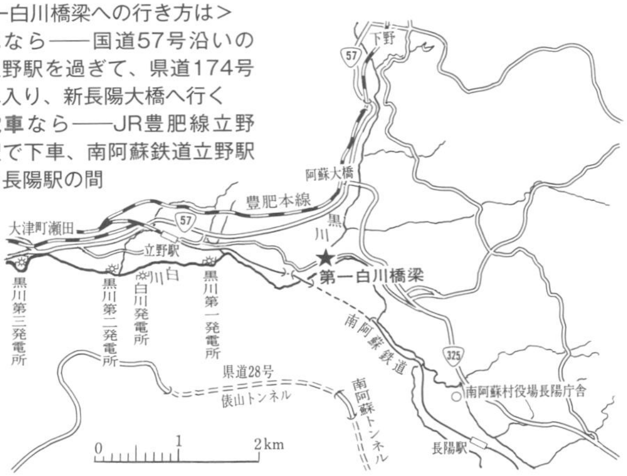

寄り道するなら

第一白川橋梁の数百m手前（立野駅から約500m）の立野峡谷に、長さ138.8m、高さ34mの立野鉄橋が架かっている（**写真66**）。この鉄橋は全国的にも珍しい鋼鉄製のトレッスル橋脚（3基）で、1928〈昭和3〉年に竣工し、第一白川橋梁建設の機材・資材搬送にも利用された。これと同じ構造の橋に、JR山陰本線の余部鉄橋（兵庫）があったが、1986〈昭和61〉年の突風に伴う列車転落事故（6名が死亡）後、風速規制による運休・遅延が頻発し、また老朽化もあって取り壊され、PC橋に架け替えられ、2013〈平成25〉年に竣工した。

写真66　立野鉄橋［撮影：著者］

川でマラソン

依田川などで繰り広げられる「信州爆水Run in 依田川」は、川の中を走る全国唯一のマラソンである。川の中を走りながら、川の自然や魅力を感じることを意図している

川を使ったボートやラフティングなどの競技はあるが、マラソンが行われている所もある。長野県上田市を流れる千曲川支川の依田《よだ》川や内村川では、8kmの鉄人コースなどの川の中を走る競技大会がある。これは信州爆水Run in 依田川と称され、丸子町役場職員の小山氏により発案されたもので、小山氏は2004〈平成16〉年に歴代人間力大賞の「まちづくり・地域貢献」部門で表彰された。競技は以下の3つのコースに分かれて、丸子総合グラウンドを出発して、再度ゴールするコースで実施されている。ずくだしてGO！コースだけは、川だけでなく、山も走行の対象となっている。

コース名	距離	走行場所
鉄人コース	8km	依田川
ずくだしてGO！コース	4km	城山と依田川・内村川
ファミリー・グループコース	3km	内村川

Runではヘルメットをつけて、川や河川敷内ならば、どこでも走ってよいが、川から陸地へ登ってはいけない。水中を走るため水の抵抗を受けるので、通常の走行とは異なって、かなりの体力を要する。なお、コースを選ぶにあたって、参考として各コースにおける川の魅力、距離、必要な体力、危険度をカッパの数で表示している。このRunは日本マラソン100選に選定されている。ただし、競技としてだけ行われているのではなく、川のことを知ってもらうという意図があり、大会要項には、

●人と川の関係を見つめ直す
●川の魅力を再発見して、水辺に親しむ
●依田川の環境保全と利用を図る

ことが目的として書かれている。そのため、マイ箸・マイ食器の持参や稚魚の放流体験も同時に行われている。2006〈平成18〉年には、河川清掃のクリーンアップ大作戦も実施された。

このように信州爆水Run in 依田川はユニークな大会であるが、その他のユニークなマラソンに、

●神奈川県の江ノ島西浜海岸で実施されている「人間塩出し昆布マラソン大会」：マラソン前後の体重差で順位を競い合う
●東京や愛知など全国で実施されている「全国スイーツマラソン」：沿道に200種のスイーツが並べられているほか、ゴールにも用意されている
●山梨県で実施されている「富士登山競走」：五合目コースと山頂

コースがある。特に山頂コースは富士吉田市役所を出発し、富士山頂の久須志《くすし》神社までの21km、高低差3,000mを走る過酷なレースが繰り広げられる

などがある。ちなみに、参加人数がもっとも多いマラソン大会は、2007〈平成19〉年に始まった東京マラソンである。

ACCESS アクセス

★丸子総合グラウンド所在地：長野県上田市御嶽堂1-1

＜丸子総合グラウンドへの行き方は＞

車なら――国道152号を南下し、丸子地域自治センターで県道174号へ右折

電車なら――長野新幹線の上田駅で、しなの鉄道に乗り、大屋駅下車、国道152号を約5km南下

寄り道するなら

会場からそれほど離れていない場所に、鹿教湯《かけゆ》温泉や霊泉寺温泉などがあり、ぜひ寄ってみたい。

もっと
知りたい
川のはなし

VII 環境に挑戦している川

川の中で水質処理

水質処理にもいろいろあるが、河川敷で行われる処理もある。多摩川などの礫間接触酸化法は、河川敷地下の礫中に水を通して処理を行う、とても安価でメンテナンスフリーな工法であるが、現在は使われていない

処理場が川のなかにある？　昭和30 ～ 40年代にかけて、水質汚濁が進んでいた多摩川では、中流部で多摩川に流入する汚濁支川の水質浄化対策を進めることとなった。多摩川流域では沿川の工場、住宅市街地の急速な拡大に対して、下水道整備が追いつかず、水質指標であるBOD*が悪化していた。河川の水質浄化対策としては、植生浄化法、底泥浚渫などがあるが、多摩川では、浄化にあたって河川敷地下に建設できる礫間接触酸化法が採用された。多摩川支川の野川（合流点の直上流）に1983〈昭和58〉年、平瀬川に1990〈平成2〉

＊BODとは、水中の微生物が有機物（汚物）を酸化・分解するのに消費する酸素量で、この値が大きいほど水質が悪いことを意味している。

年、谷地《やじ》川に1993〈平成5〉年と順次建設された。なお、同様の施設は荒川などにも建設されている。水質浄化対策の結果、例えば多摩川の第3京浜地点ではBODが27ppm（1970）→12ppm（1979）→7ppm（1988）→5ppm（1997）と改善されていった。

礫間接触酸化法とは、多摩川の河原から採取した礫を接触材として敷き詰めた中に河川水をゆっくり通すと、浮遊物であるSS分が沈殿するとともに、接触材表面についた微生物の有機物分解・吸収作用により水質が浄化される仕組みである（**図9**）。具体的には、野川では水深1.5mの8槽内に、直径2～12cmの礫を約2万m^3入れて、最大で1m^3/sの水を浄化した。目標除去率はBODが75%、SSが85%である。正確には、野川浄化施設は取水用のラバー堰による沈殿浄化効果と礫間接触酸化施設による浄化効果がある。1983〈昭和58〉年～1992〈平成4〉年の水質調査結果（10年平均）によれば、下表のように全体でBOD除去率が72%、SS除去率が80%と、ほぼ目標値に近い値となっている。

項目	堰	浄化施設	全体
BOD	28%	60%	72%
SS	43%	64%	80%

この方法は、安価な設置費用で維持管理がほとんど必要ないという利点がある一方で、水に溶けている（溶存性の）窒素などの栄養塩*の除去効果はほとんどないという欠点もある。窒素は生活排水や肥料などから出てきて、湖沼等の富栄養化問題を発生させ、プランクトンの増殖により、アオコや赤潮が発生したり、プランクトンの死滅により貧酸素状態をつくる。

＊栄養塩とは窒素やリンなどをいい、植物の栄養となる。

図9　野川浄化施設の平面図［出典 京浜河川事務所:Tamagawa Purification　パンフレット］

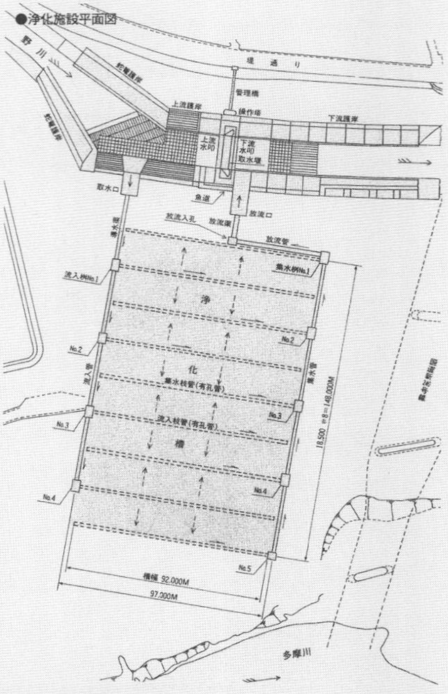

写真の礫中を河川水が通過する間に、浮遊物質が沈殿・吸着されたり、微生物に取り込まれて、浄化される仕組みである。

しかし、東日本大震災後、野川の浄化施設などは計画停電に対応して施設の稼働を停止し、加えて野川や平瀬川の水質も良くなってきたため、残念ながら現在は水質浄化に使用されていない。

【参考文献】
●（財）国土開発技術研究センター：河川直接浄化の手引き、JICE資料第197001号、1997年
●国土交通省京浜河川事務所：Tamagawa Purification　多摩川の自然環境を生かして効果的に浄化するパンフレット

ACCESS アクセス

★野川浄化施設の所在地：世田谷区玉川1丁目地先

＜野川浄化施設への行き方は＞

車なら──国道246号の多摩川と野川の間（国道246号の西側）

電車なら──東急田園都市線の二子玉川駅下車、多摩堤通りを北西へ行き、国道246号を左折

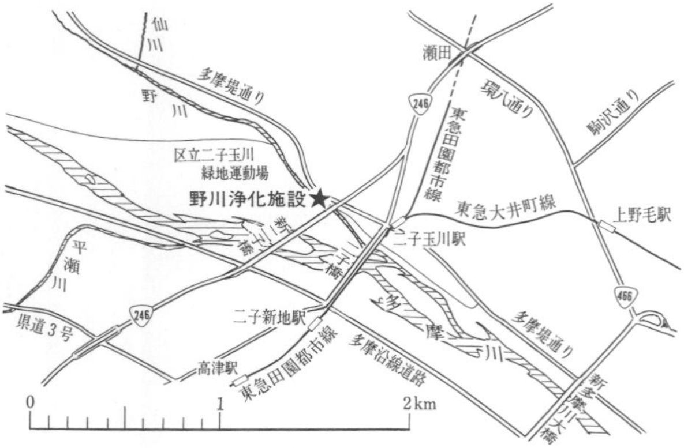

魚のためのエレベーター

高さが高いダムだと魚が上れないが、沖縄の羽地ダムではエレベーターを使って魚を上池に上げている。これは放流水のエネルギーで得られた空気の力を利用した、世界的にも珍しいエアリフト魚道である

魚道と言えば、魚が遡上しやすいように作られた階段式水路が多いが、エレベーター形式の魚道もある。沖縄の名護市にある羽地《はねじ》ダムは羽地大川に2005〈平成17〉年に竣工したロックフィルダムであるが、

図10　エアリフト魚道［出典　沖縄総合事務局北部ダム統合管理事務所：羽地ダムの新技術］

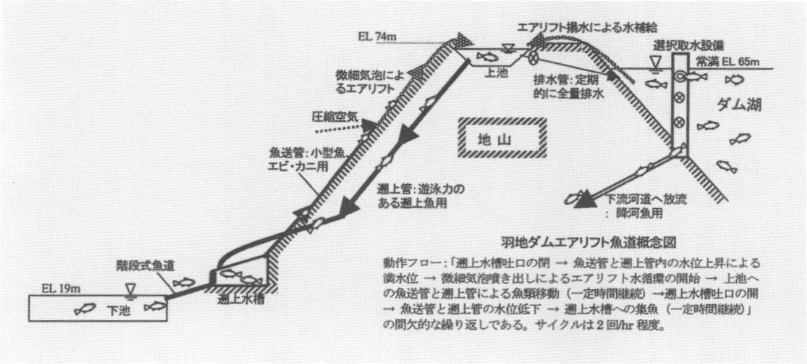

図11　羽地ダムDASシステム
［出典　沖縄総合事務局北部ダム統合管理事務所：羽地ダムの新技術］

このダムには世界最初のエアリフト魚道が設置されている（**図10**）。羽地ダムは66.5mと堤高が高く、通常の魚道では遊泳力の低い小型魚類、エビ・カニ類が遡上できないために、この形式が採用された。この魚道は主に遡上水槽と魚送管からなり、魚送管に圧縮空気を送り込んで上昇水流を生み出し、小型魚類やエビ・カニをダム上流の貯水池へ押し上げて移送するものである（**図11**）。下池と上池の落差は50m以上もある。遡上実績で見ると、グッピー、オオクチユゴイ、トゲナシヌマエビなどが遡上した。なお、羽地ダムは洪水調節、利水（灌漑、上水）のための多目的ダムである。

エアリフト魚道に用いられている圧縮空気は、ダム貯水池から管路を流下する水流の力で水車を回して作られ、各ダム施設へ送気されている。これはダム・エアーエネルギー・システム（DAS*）と呼ばれている。この圧縮空気は他に貯水池の浅い箇所や深い箇所に送られ、曝気（酸素供給）による水質改善が行われたり、ゲートレス取水設備にも用いられている。DASによる水力エネルギー利用により、クリーンエネルギー化が図られ、二酸化炭素の排出削減にも効果がある。ゲートレス取水設備では、ゲートの代わりに圧縮空気の給排気によって逆U字型状の取水管内の水流をロック（閉鎖）する仕組みである。取水塔内外の水位差で自動的に空気ロックが解除され、安全に作動できる。また、ゲートが不要になり、構造物の簡素化、経済性、耐久性にすぐれている。ゲートレスにすることにより、ゲートや駆動部分がなく、取水塔構造物が簡素化されるため、建設コストが4割削減できた。

写真67　エアリフト魚道［出典　日本ダム協会、ダム便覧］
高低差約50mの上池に魚が登れるよう、2カ所から圧縮空気を入れている。一方には甲殻類の魚道もある。

富山にある庄川の小牧ダム（堤高79.2m）にも、戦前の1931〈昭和6〉年にインクライン（傾斜輸送）方式のエレベーター魚道が設置され、集水池とダム貯水池間で魚の遡上が行われたが、遡上魚数が少なく撤去された。したがって、ダムの高さや規模に応じて適切な魚道を選択・設置する必要がある。

＊DASはDam Air - energy Systemの略である。

【参考文献】
●内閣府沖縄総合事務局北部ダム統合管理事務所：パンフレット「羽地ダムの新技術、2000年」
●日本ダム協会：「技術開発で経済性を実現（羽地ダム）」、ダム便覧、インターネット記事（http://damnet.or.jp/cgi-bin/binranB/TPage.cgi?id=225&p=3）

ACCESS アクセス

★羽地ダムの所在地：

沖縄県名護市字田井等地先～名護市字親川地先

<羽地ダムへの行き方は>

車なら――名護市中心部より国道58号を東へ行き、ベスト電器で右折。1.5km南へ

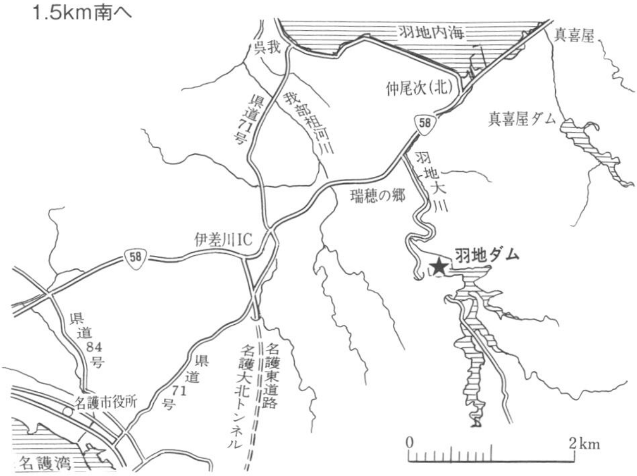

寄り道するなら

羽地ダムから4km離れた所にある「ネオパークオキナワ」へ行ってみたい。ここは1992〈平成4〉年に開園した名護自然動植物公園で、アマゾン・ジャングル、ふれあい広場、国際種保存研究センター、軽便《けいべん》鉄道などがある。この軽便鉄道は、沖縄南部の那覇駅～与那原駅間を営業運転（1914〈大正3〉年～1945〈昭和20〉年）していた機関車を再現したものである。

川の中を覗く

魚は水中でどのように行動しているか？　長良川では、魚道の側面がガラス張りになっていて、魚が遡上する状況を直接見ることができ、多い年には200万尾以上の大量のアユの遡上が観察された

魚の遡上数は通常、人間の目視観測か捕獲調査により行われるが、ガラス越しに魚の遡上を見ることができる所もある。長良川河口堰の両岸には魚道*があるが、左岸の呼び水式魚道の横には魚道を遡上する魚が見られる観察窓（魚道観察室）がある。呼び水式魚道とは、中央の呼び水水路から流れの速い水を流して魚道近くに魚を集め、左右の階段式魚道から遡上させるものである。階段式魚道では、魚が休みながら遡上できるように、3m間隔で隔壁が設置され、特に上流側の10カ所の隔壁は高さが変えられ、水位を調節できるようになっている。魚道には、他に上下流のゲート操作で水位を調節するロック式魚道、底生魚でも遡上できる緩勾配のせせらぎ魚道などがある。

長良川河口堰は治水と利水（水道・工業・灌漑用水）のために、河口から5.4km地点に建設された。長良川では1959〈昭和34〉年9月、1976〈昭和51〉年9月など、これまでたびたび水害被害が発生していた。治水対策として、洪水流下能力を向上させるには河道を掘削する必要があるが、塩水を遡上させずに掘削するには河口堰が必要であった。魚道観察室は、河口堰とともに1994〈平成6〉年に竣工された。観察室では、堰を遡上するアユやアマゴなどを、毎日午前10時から

＊左右岸に呼び水式魚道、右岸にせせらぎ魚道、ロック式魚道がある。

写真68　上流から見た河口堰［撮影：著者］
調節ゲートが10門あり、丸い建物はゲート操作室上屋である。

写真69　魚道観察室横の左岸側魚道［撮影：著者］
下流から見た一番右側が呼び水式魚道で、観察窓から見えるように、暗幕で覆われている部分が見られる。

写真70　魚の遡上が見られる魚道観察室
［撮影：著者］

午後5時まで見ることができる。特に2008〈平成20〉年、2009〈平成21〉年には観察日だけで200万尾以上の大量のアユの遡上が観察された。これは総遡上数の約1/2程度であるため、実際の遡上数はもっと多いと推定される。

河口堰の調節ゲートは潮位や流量に応じて操作されている。調節は高さの異なる2段ゲートを用いて、平常時で満潮位が高いときは上流からの水はゲートをオーバーフローさせ、満潮位が低いときは下段ゲートを上げて、アンダーフローさせる。一方、堰下流水位が2.1m以上の高潮時や堰への流入量が800m^3/s以上の洪水時には、洪水流下の支障とならないようにゲートを全開させる（堤防高より高く引き上げる）。この引き上げは約40分で完了する。

【参考文献】

●水資源機構長良川河口堰管理所：パンフレット「INFORMATION　長良川河口堰、2006年」
●水資源機構長良川河口堰管理所：パンフレット「INFORMATION　長良川河口堰、2011年」

ACCESS アクセス

★長良川河口堰の所在地：

三重県桑名市長島町十日外面（河口堰の左岸側）

＜長良川河口堰への行き方は＞

車なら――東名阪自動車道の長島ICを南下し、国道1号へ出て約7分、伊勢湾岸自動車道の湾岸長島ICを北上し、国道1号へ出て約10分

電車＋バスなら――JR関西本線長島駅または近鉄長島駅より「なばなの里」行きバス終点で下車、徒歩3分

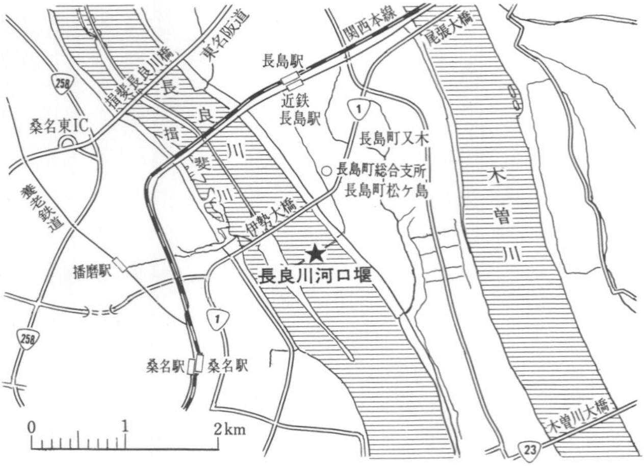

寄り道するなら

長良川河口堰左岸に建てられた「アクアプラザながら」は、長良川と長良川河口堰の資料館で、大型映像シアター、パネル、模型などを使って、長良川の歴史や河口堰事業を楽しく、分かりやすく紹介している。4階の展望室からは周囲の景色を一望できる。また、河口堰近くにある「なばなの里」では、秋から冬にかけて、壮大なスケールのイルミネーションが行われ、神戸のルミナリエ以上に人気があるので、必見である。

都市の隠れた河川

東京へ行くと、川に多数の高速道路の橋脚が立っているのを見ることができる。東京オリンピックでの混雑解消の目的で建設されたもので、その結果、日本橋川などの都市河川は環境上好ましくない暗い川となってしまった

日本橋と言えば、江戸時代全国に通じる五街道*の起点で、橋には日本国道路元標（**写真71**）があり、道路の起終点を示すが、この道路元標に必ず従わなければならないという規定があるわけではない。日本橋にはCOREDO室町、三越、日本銀行、東京証券取引所などがある。この日本橋を流れているのが日本橋川で、小石川橋（千代田区三崎町）で神田川から分流している地点を起点とし、中央区日本橋箱崎町で隅田川に合流するまでの延長4.8km、流域面積4.4km^{2}の河川である。したがって、日本橋川は隅田川支川日本橋川（荒川水系）と

写真71　日本橋のたもとにある道路元標［撮影：著者］

＊東海道、中山《なかせん》道、日光街道、甲州街道、奥州街道。

写真72　高速道路に隠れた日本橋川［撮影：著者］
日本橋から下流の江戸橋方面を望む。

なる。このように神田川は江戸時代に開削された人工河川で、もともとは日本橋川が本来の川筋であった。日本橋川は従来水運や物流の役割を担う川であったが、今では洪水の排水路となっている。日本橋川には現在、上流の三崎橋（1954年建設）に始まって最下流の豊海《とよみ》橋（1927年建設の関東大震災復興橋）まで24の橋が架かっている。

現在に至るまで時代の変遷があり、1964〈昭和39〉年の東京オリンピック開催に向けて、東京都心の交通混雑回避の目的で河川空間などが活用され、その結果、日本橋川はほぼ全流路にわたって首都高速道路の高架下を流れることとなった。そのため、道路下を流れる、環境上好ましくない暗い川となってしまった（**写真72**）。少し前に韓国のソウルで暗渠化していた清渓川《チョンゲチョン》上の高架道路約5.8kmを撤去し、河川を復元したことを受けて、日本でも日本橋川を再生しようという動きがあった。これは小泉政権下で、日本橋川再生プロジェクトとして検討されたが、巨額の資金が必要になるという理由で、日の目を見なかった。

なお、チョンゲチョンの河川復元では、1950 ~ 60年代の河川の水質悪化、スラム化に対して暗渠化され、そのあとに清渓高架道路が建設された（1971年完成）。河川復元の世論と道路の老朽化に対して、2003 ~ 2005年に高架道路を撤去し、河川が復元された。この事業は当時のイ・ミョンバク・ソウル市長の肝入りで行われ、事業費は市職員の給与カットで捻出された。夜はライトアップされるなど、初年度で3,000万人が訪れ、都市のランドマークとなっている。これを軸として今後は都市再生計画が検討されている。

ACCESS アクセス

★日本橋の所在地：東京都中央区日本橋

＜日本橋への行き方は＞

車なら――皇居東側の国道1号を国道15号（中央通り）へ左折して200m

電車なら――東京駅の八重洲口から日本橋三丁目へ出て600m北東へ（東京メトロ半蔵門線の三越前近く）

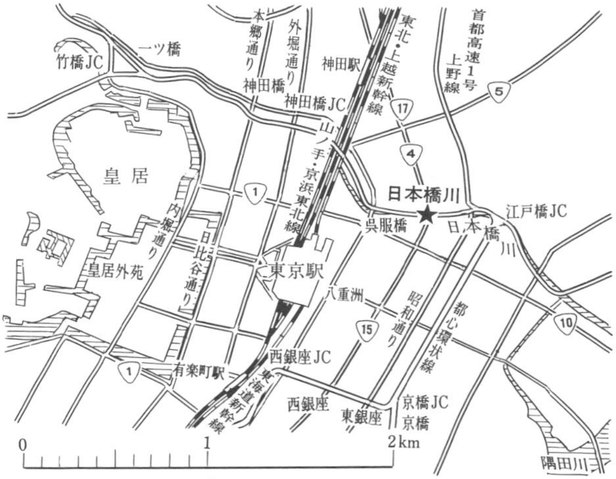

寄り道するなら

日本橋から東へ900mの蛎殻町《かきがらちょう》にある水天宮《すいてんぐう》へ行ってみたい。水天宮は福岡県久留米市が総本宮の神社で、一般的には安産や子授けの神社として有名であるが、実は、もともとは海上安全や航海安全の水難除けなどのご利益がある神社であった。

あとがき

本書を執筆し始めたときは、大勢の人にもっと川のことを知ってもらいたいという軽い気持ちであった。しかし、いろいろ調べていくにつれて、もっと正確に、もっと深く調べる必要を感じ、思った以上に時間を要してしまった。本書は技術書というより、社会科学的、いや歴史的・文化的な色合いを持った書物である。その意味で、今まで私が対象としていた読者層とは異なる方に読んでいただけると思っている。読んでみて、何か物足りないとか、十分でない箇所もあると思うので、ぜひご批判を頂きたいと思っている。

最後に、本書の執筆にあたって、数多くの人や国土交通省・地方自治体などの機関から、いろいろな写真・資料・情報などを提供していただいた。ここに、紙面を借りて、謝意を示したい。

【写真や資料を提供していただいた機関・担当者名】

・宇都宮市建設部河川課

・京都市建設局水と緑環境部河川整備課

・熊本県山都町商工観光課

・国土交通省出雲河川事務所　舘所長、稲若工務課長

・国土交通省大洲河川国道事務所　安永調査課長

・国土交通省京浜河川事務所　唐澤係長

・国土交通省甲府河川国道事務所　金子調査第一課長、坂本専門職

・国土交通省静岡河川事務所　池田建設専門官

・国土交通省利根川上流河川事務所　内堀調査課長

・千葉県印旛沼下水道事務所　中村所長、岩井管理課長

・内閣府沖縄総合事務局北部ダム統合管理事務所羽地ダム管理支所

（50音順、役職名は情報提供当時）

河川名の語源

河川名を調べると、いろいろ面白いエピソードに出合える。また、語源から川の特徴を知ることができる。なお、「河川名の語源」のなかに書かれている①②などは複数の説があることを表している。

地方	河川名	読み仮名	河川名の語源
北海道	石狩川	いしかりがわ	石狩川は湾曲していて、曲がりくねった川「イ・シカラ・ペツ（川）」から「イシカリ川」になり、石狩川の字が当てられた
東北	北上川	きたかみがわ	①北上川流域は蝦夷《えぞ》の領地で、蝦夷はヒダと呼ばれ、ヒダが住んでいたことから、「ヒダカミガワ」の名が生まれ、それが「キタカミガワ」になった、②この地方は「日高見国」にあるため、「日高見川」と呼ばれ、それが「キタカミ川」となり、現在の字が当てられた
	阿武隈川	あぶくまがわ	汽水域を表す「アヘ」と、曲がった所を表す「クマ」に由来する
	最上川	もがみがわ	①珍しい岩が多い意味である「毛賀美」から、「毛賀美川」と呼ばれ、のちに「最上川」に変わった、②最上峡は崖に挟まれた地で、その上流に広がる盆地はアイヌ語で崖《モモ》の上《カミ》にあることから、「モモカミ」と呼ばれ、「最上川」の名につながった
関東	利根川	とねがわ	①アイヌ語で大きな谷を意味する「トンナイ」が利根川になった、②源流近くにとがった峰が多数あり、「トガッタミネ」が「トネ」と簡略化され、利根川になった
	鶴見川	つるみがわ	曲流しながら連続する流路を表す、ツル（連）とミ（水）からきている
	釜無川	かまなしがわ	釜は淵の意味で、淵がなく、瀬の速い流れが続くため、釜無川と呼ばれた
北陸	千曲川	ちくまがわ	神話の時代、高天《たかま》ケ原の神々が激しく争っていた。その際、おびただしい血が流され、血があたり一面くまなく流れたことから、「血隈」と言われ、慶長年間になって「千曲」と呼ばれるようになった

北陸	手取川	てどりがわ	①源平の戦いで木曽義仲軍が川にさしかかったとき、流れが速く、その急流にのみ込まれないよう、兵たちは手に手をとって川を渡ったことから、手取川と呼ばれるようになった、②河川が急流で、渡るのにひどく「手間取った」ことから、手取川と呼ばれた
	阿賀野川	あがのがわ	会津盆地を表す「アガ（上）ノ（野）」から流れ来る川の意味である
	梯川	かけはしがわ	下流部の地名で、自然堤防の「カケ（決壊地点）」の端を意味する
中部	木曽川	きそがわ	上流域の地名または両側の山並みが競う意味か？
近畿	九頭竜川	くずりゅうがわ	①天地創造の頃の越前の神は「黒竜大明神」で、その前を流れる川を「黒竜川」と呼び、転じて九頭竜川と呼ばれるようになった、②たびたび洪水を起こし、激しい水流が両岸を削り、川の流れや姿を変えた（崩した）ので、「崩川」と呼ばれ、それがなまって九頭竜川となった
中国	斐伊川	ひいがわ	ヒ（樋）とカハ（川）により、川の流路を表している
	高梁川	たかはしがわ	中流部の地名で、高梁は「高台（吉備高原）の端」を意味している
四国	四万十川	しまんとがわ	①上流の支川「四万川」と「十川」の名前を合体、②アイヌ語で大変美しい川を意味する「シ・マムタ」と砂礫が多い所を意味する「シマト」からきている
	吉野川	よしのがわ	①上流にある三好郡から「三好川」の名が生まれ、次第に「芳野川」→「吉野川」に転じた、②流域が鬱蒼としたヨシ（蘆）に覆われていたため、人々が「蘆の川」と呼び、後年になって当てられた
九州	球磨川	くまがわ	①流域に多数の谷があったことから、九萬の谷を持つ川「九萬川」と呼ばれ、それが球磨川になった、②上・中流部の地名で、「クマ」は奥まった隅を表す

［出典　岡村直樹監修：川の名前で読み解く日本史、青春出版社、2002年］
［出典　楠原佑介：地名情報資料室ホームページ］

おもしろい名前の河川

全国にはおもしろい名前の河川が多数ある。特に北海道はアイヌ語に由来しているせいか、ヤリキレナイ川、オレウケナイ川などの多くのおもしろい名前がある一方、面白内《おもしろない》川もある。また、三途川は宮城、群馬、千葉など各地にあるし、用いる字は異なるが天の川も茨城、奈良などにある。

地方名	県・市町村名	河川名	読み仮名	水系名
北海道	美唄市	ゴクドウ川		石狩川
	深川市	エイチャン川		石狩川
	夕張郡由仁町	ヤリキレナイ川		石狩川
	雨竜郡雨竜町	面白内川	おもしろないかわ	石狩川
	足寄郡足寄町	ヨウナイ川		十勝川
	足寄郡足寄町	六百三十七点沢川	ろっぴゃくさんじゅうななてんさわがわ	十勝川
	中川郡音威子府村	オカネナイ川		天塩川
	白糠郡白糠町	オレウケナイ川		庶路川
	白糠郡白糠町	ウカルキナイ川		庶路川
	勇払郡むかわ町	珍川	ちんかわ	鵡川
	山越郡長万部町	ワルイ川		ワルイ川
	檜山郡上ノ国町	天の川（天野川）	あまのがわ	天の川
東北	青森県北津軽郡中里町	馬鹿川	ばかがわ	岩木川
	宮城県刈田郡蔵王町	三途川	さんずのかわ	阿武隈川
関東	群馬県高崎市	三途川	さんずがわ、または、さんずのかわ	利根川
	茨城県かすみがうら市	天の川	てんのかわ	利根川
	千葉県長生郡長南町	三途川	さんずがわ	一宮川
	神奈川県中郡大磯町	血洗川	ちあらいがわ	血洗川

中部	三重県名張市	シャックリ川		淀川
近畿	奈良県吉野郡天川村	天ノ川	てんのかわ	熊野川
	奈良県・大阪府	天野川	あまのがわ	淀川
	兵庫県神戸市灘区	貧乏川	びんぼうがわ	杣谷《そまだに》川
	兵庫県神戸市灘区	盗人川	ぬすっとがわ	観音寺川
中国	広島県	貧乏川	びんぼうがわ	
九州	長崎県島原市	金洗川	かねあらいがわ	金洗川
	長崎県壱岐市	注連降川	しめおろしごう	
	長崎県松浦市	人柱川	ひとばしらがわ	人柱川

付録 3

おもしろい河川等の標識

全国各地には「これは！」と思えるような、おもしろい河川の標識が見られる。

ここでは、そのほんの一例を示した。みなさんも各地へ行ったおりに、ぜひ探していただきたい。

＜天竜川下流にあった標識＞

水深が浅いと思って車で川の中に入ると、大雨で川が増水して岸へ戻れなくなることがある。このことを注意した看板だが、日系ブラジル人が多いため、ポルトガル語でも注意している。

＜東京・秋葉原の標識＞

道路に浸水の標識？と思うかもしれないが、秋葉原の中心にはアンダーパスでの浸水被害を防止するための標識が設置されている。道路を左折した先にJR線をくぐるアンダーパスがあり、車で浸水被害にあわないよう、ドライバーに注意を促している。他にはアンダーパスの側面に過去の浸水実績が示されていたり、インターネット上でも危険なアンダーパスの情報が提供されている場合がある。

＜荒川の標識＞

荒川はプレジャーボートやタンカーなどの往来が多い。そこで、船舶の事故防止のためのいろいろな標識が設置されていて、これは自然環境や係留船舶に影響を与えない減速区域の標識である。他に動力船通航禁止、減速区域などの標識がある。

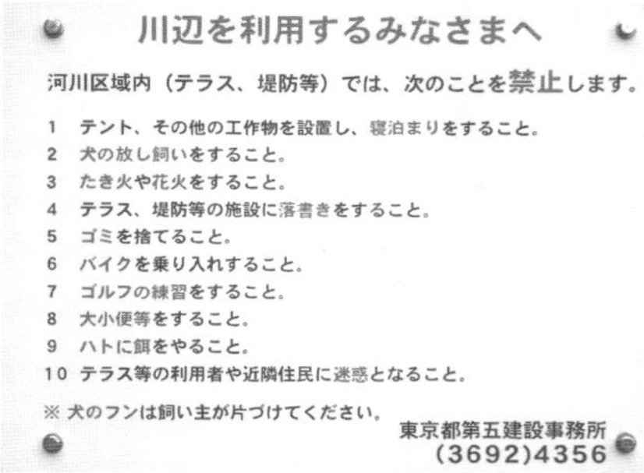

＜中川の標識＞

荒川に沿って流れる中川には、河川での禁止事項（寝泊まり、花火、落書きなど）が10項目にわたって書かれている。大小便の禁止もちゃんと書かれている。

＜和歌山・新宮駅の看板＞

紀伊半島では南海トラフ地震に伴う津波災害の減災が課題となっており、新宮駅の標高は海抜5.3mであると海抜標高が示され、津波に対する危険性を表している。

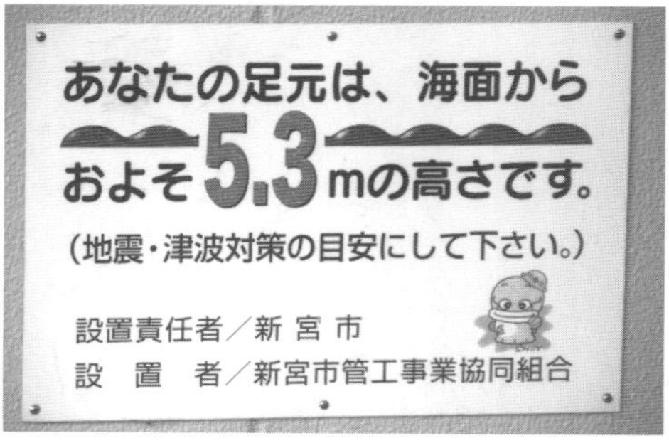

<新潟・三条市の標識>

三条市は浸水被害が多い地域であるため、最寄りの避難所が示されているだけでなく、想定浸水深（0～0.5m）も表示されている。これは、信濃川支川五十嵐川で洪水が発生し、堤防が破堤した時に想定される（計算上の）最大浸水深である。

<鶴見川の距離標>

鶴見川は横浜にあって、人口密度が高い典型的な都市河川である。都市化に伴って、昔に比べて洪水が速く出てくるようになった。おもしろいことに、鶴見川流域の形状は動物のバクに似ている。そのため距離標にはバクの絵が描かれている。この距離標とは管理用に1kmごとに示された距離杭で、通常はもっと簡易なコンクリート柱である。

Memo

河川の特徴データベース

全国には約14万kmにおよぶ河川があり、この長さは地球3周半に相当する。これほど長い延長の河川であるので、人間と同じように、河川には様々な顔がある。すなわち、河川には様々な河道特性、代表的な地形、特徴的な施設、豊かな生態系などの特徴があり、河川ごとに見ると、以下のようになる。ここでは国が管理している109水系を対象に、その特徴を下記の項目を中心に整理した。河川の特徴のなかで、生態系の種数（　　）は「河川水辺の国勢調査 3巡調査結果」、水害は既往最大水害、水害被害額は平成2 ～ 21年（20年間）における年平均被害額を表している。

【諸元】源流～河口、流域面積、流路延長、流域形状
【河道特性】勾配、粒径、湾曲
【地形・地質】狭窄部、河岸段丘、崩壊、構造線
【水害被害】最大被害額、平均年被害額、破堤
【流況】最大流量、比流量、流況係数、河道貯留、ダムによる流量変化
【施設】堤防整備、放水路、トンネル河川他
【環境】樹林化、貴重種、水辺の国勢調査
【土砂動態】河床変動、河口閉塞
【流域】主要都市、都市化、盆地、大ダム
【その他】水害防備林、水害裁判

なお、これらの河川の特徴のうち、説明が必要なものを示すと、以下の通りである。

●完成堤：堤防が計画通りの高さ、断面になっているもの。
●開析扇状地：河川の横侵食によりでき、現在の河床面より高い所の扇状地。

●河岸段丘:地面が隆起したり、海面が下がると、河道が横断的に段々状となる河岸段丘地形となる。

●霞堤：堤防が不連続な区間を霞堤と言い、急流では上流の氾濫水を河道に戻したり、下流では洪水を貯留する効果がある。

●水害防備林：堤防を洪水流から防御する樹林で、堤外では河川内、堤内では河川外に樹林がある。

●直轄：国により管理が行われていることを言う。

●横堤：堤防から直角方向に出された堤防で、荒川や釧路川にあり、荒川では洪水を貯留する機能がある。

●二線堤または二重堤防：堤防の背後にある二番目の堤防で、道路や鉄道盛土を用いて市街地を氾濫から防御する。

●狭窄部：河道断面が狭くなった区間を言い、狭窄部の上流で洪水が越水しやすい。

●不法係留：ボートなどが本来係留してはならない箇所に係留していること。

●ベーン工：湾曲部において、河床に設置したコンクリート製の立方体により、2次流の回転を弱め、侵食外力を弱める侵食対策。

●交互砂州：砂州が縦断方向に交互にある状態。

●複列砂州：川の横断方向で見て、砂州が複数ある状態。

●うろこ状砂州：川の横断方向で見て、多数の砂州がある状態。

●臨海性扇状地:土砂生産が活発な中部山岳地方から流れる河川では、扇状地のまま海に突入している。

●舟型（三角）屋敷：氾濫流により家屋が流失しないよう、盛土や樹木で舟型に家屋の川側を囲った家。

●連携排砂：上流のダムが排砂した後、下流のダムより排砂する。

●比流量：流量を流域面積で割った値。

●陸閘：堤防（霞堤、輪中堤）の一部が道路などのために開かれ、氾濫時に鉄製の閘門などで締め切られる構造となったもの。

河川の特徴データベース

地方	河川名	河　川　の　特　徴
北海道	天塩川	源流（天塩岳）～河口（天塩町）
		洪水ごとに河岸高の2～3倍ずつ横に移動して、線状微高地を形成
		S48水害、種数 ほ乳類1位
	渚滑川	源流（天塩岳）～河口（紋別市）
		直轄区間　ほとんど完成堤
		H10水害、河岸段丘、霞堤
	湧別川	源流（天狗岳）～河口（湧別町）
		中流に河岸段丘
		H10水害
	常呂川	源流（三国山）～河口（北見市）
		H10水害
	網走川	源流（阿幌岳）～河口（網走市）
		オホーツクアカデミア構想
		H4水害、ミズバショウ
	留萌川	源流（ポロシリ山）～河口（留萌市）
		河口の導流堤改築、大和田遊水地
		カズノコ
		S30、63水害
	石狩川	源流（石狩岳）～河口（石狩市）
		流域面積2位：14,330km^2、流路延長3位：268km
		ショートカット 約60km短絡
		夕張シューパロダム（H16）貯水容量：直轄で1位：4.3億m^3
		S37水害、S50・56破堤
	尻別川	源流（フレ岳）～河口（蘭越町）
		水質ランキングで常に上位
		S50、56水害
	後志利別川	源流（長万部岳）～河口（せたな町）
		旧河道で蛇行が発達
		清流、エゾサンショウウオ
		S37水害
	鵡川	源流（狩振岳）～河口（むかわ町）
		河口に中洲、シシャモ
		S37水害

	沙流川	源流（熊見山）～河口（日高町）
		二風谷ダム（H9）年間堆砂量2位：121万m^3　堆砂進行→傾斜堆砂計画
		交互砂州、スズラン
		S37水害
	釧路川	源流（屈斜路湖）～河口（釧路市）
		釧路港へ土砂流入しないように新河道建設
		S35水害、横堤、キタサンショウウオ
	十勝川	源流（十勝岳）～河口（豊頃町）、帯広市
		開析扇状地、台地＋盆地状平野
		S37水害、池田町千代田地区に新水路（実験水路あり）、ナキウサギ
		種数 ほ乳類1位
東北	岩木川	源流（雁森岳）～河口（五所川原市）
		河口（内湾）で土砂堆積→延伸→新河道
		S52水害、河口に閉塞防止の突堤
		中流部 河道貯留1～3割：高水敷、蛇行、樹林 各1/3ずつ影響
		源流にブナ林の白神山地
	高瀬川	源流（八幡岳）～河口（六ヶ所村、三沢市）
		小川原湖　内水面　ワカサギ、コイ、フナ
		狩野川台風
	馬淵川	源流（袖山）～河口（八戸市）
		直轄延長は短い、河床上昇傾向
		S42水害
	北上川	源流（旭岳）～河口（石巻市）
		北上川を旧迫川から分離流下、江合川を迫川に合流、新迫川の開削
		北上盆地
		遊水地群：一関、蕪栗沼、南谷地
		支川胆沢川　胆沢扇状地：200 or 150km^2
		台風6号（H14）
	鳴瀬川	源流（船形山）～河口（東松山市）
		S61水害：支川吉田川で4カ所破堤
		水害後、二線堤（道路・鉄道盛土）により鹿島台町防御。他に非常用排水樋管
	名取川	源流（神室岳）～河口（仙台市、名取市）
		下流部に運河あり
		S25水害、S61水害

	阿武隈川	源流（天塩岳）～河口（岩沼市）
		二大狭窄（阿武隈渓谷、阿武隈峡谷）、福島盆地、郡山盆地
		支川荒川　水害防備林（堤内地・堤外地）、霞堤
		交互砂州
		猪苗代湖からの安積疏水
		S61破堤
	米代川	源流（中岳）～河口（能代市）
		アユ
		S47水害　黒松林（防砂林）
	雄物川	源流（大仙山）～河口（秋田市）
		S22水害、強首輪中堤（H14）
		玉川ダムは洪水調節容量最大（1.07億m^3）
		種数　底生動物・両生類1位、ほ乳類1位
	子吉川	源流（鳥海山）～河口（本庄市）
		ボート大会
		S47水害
	最上川	源流（西吾妻山）～河口（酒田市）
		二大狭窄（大淀狭窄部の三難所他）、新庄盆地
		年間総流出量2位：140億トン
		大久保遊水地 唯一のコンクリートブロック張工 堤長長い
		水害防備林（堤内：スギ）
		日本三大急流、舟運（観光船）
		S42水害
	赤川	源流（以東岳）～河口（酒田市）、鶴岡市
		昔最上川に合流
		S15水害
関東	久慈川	源流（八溝山）～河口（日立市、東海村）
		上流　谷底平野、中流　河岸段丘
		水害防備林（堤外）12カ所、霞堤
		S22水害
	那珂川	源流（那須岳）～河口（ひたちなか市、大洗町）、水戸市
		那須野が原扇状地　400km^2（最大の複合扇状地）、河岸段丘
		遊水地計画：御前山、大場
		S61水害、耐越水堤防
	利根川	源流（大水上山）～河口（銚子市）
		流域面積1位：16,840km^2、流路延長2位：322km

		基本高水2位（八斗島）：22,000m^3/s
		水害被害額3位：144億円／年
		江戸川分派 上流流量多いと分派率大
		田中遊水地 2,400m^3/s：菅生、稲戸井と合わせて調節池群
		川治ダム(S58) 発電ダムを除いて比堆砂量1位：1,600m^3/km^2/年
		鬼怒川（石井～水海道）河道貯留 3 ～ 4割、霞堤
		狭窄部　布川（76 ～ 77k）
		種数 鳥類1位、ハクレン、ウナギ
		渡良瀬川　樹林化、隅田川など舟運（水上バス）
		年間利用者数＝2,733万人 1位
		近代土木遺産（中流 岩神の霞堤群）
		S22水害
	荒川	源流（甲武信ケ岳）～河口（東京）
		荒川下流は流域人口密度 1位
		地盤沈下に対して堤防高高い 特に調節池下流が高い
		第1調節池完成 H15
		横堤 1918 ～ 54年、川幅約2.5km（62k：吉見町）1位
		荒川放水路：22km、7,700m^3/s（S5）
		S33水害、潜り橋、舟運（石油輸送）
		年間利用者数＝2,440万人 2位
		年間利用者数／直轄管理区間延長＝16.9万人/km 3位
	多摩川	源流（笠取山）～河口（川崎市）
		S22水害、S49破堤
		河岸段丘、浅川 河道の側方移動→薄層扇状地
		舟運（石油輸送）、東京の上水道の水源
		年間利用者数／直轄管理区間延長＝20.4万人/km 2位
		【課題】ハリエンジュの樹林化→【解決策】伐根および表層土砂の除去
	鶴見川	源流（多摩丘陵）～河口（横浜市）
		都市化率85%以上の典型的な都市河川、流域人口密度 1位
		遊水地 当面200m^3/sカット
		S33水害
	相模川	源流（山中湖）～河口（平塚市、茅ヶ崎市）
		直轄延長は短い、上流は桂川
		河岸段丘、河口砂州の後退、駿河湾に次いで深い相模湾（1500m）
		日本三大奇橋 猿橋（桂川：大月市）
		年間利用者数／直轄管理区間延長＝20.9万人/km 1位

		ボートの不法係留　支川小出川も
		S51水害
	富士川	源流（鋸岳）～河口（富士市、静岡市）
		計画高水3位（北松野）：16,600m^3/s、日本三大急流
		釜無川 糸魚川・静岡構造線、最深の駿河湾（2,500m）に注ぐ
		早川からの土砂が本川の土砂動態に支配的、交互・複列砂州
		臨海性扇状地で海へ突入（新しい堆積扇状地）→下流でも流速速い
		河床低下顕著、霞堤、聖牛、狭窄部（兎の瀬）
		水害防備林（堤内：アカマツ）
		武田信玄：将棋頭、竜王の高岩、信玄堤、霞堤
		甲府盆地は少雨
		台風7号：S34水害
		最初の最高裁判決　日川
北陸	荒川	源流（大朝日岳）～河口（胎内市）
		海岸侵食
		S42水害
	阿賀野川	源流（荒海山）～河口（新潟市）
		江戸半ばまで信濃川に合流、上流は阿賀川、大川
		年間総流出量2位：140億トン、ベーンエ
		電発　奥只見ダム（S35）貯水容量2位：6億m^3
		S31水害、53水害
	信濃川	源流（甲武信ケ岳）～河口（新潟市）
		流路延長1位：367km
		流域面積3位：11,900km^2：江戸時代までは阿賀野川・加治川が合流して1位
		長野盆地は少雨
		水害被害額1位：195億円／年
		年間総流出量1位：160億トン
		上流 千曲川40 ~ 52k 狭窄部（立ケ花）計画流量では水面勾配が大きくなり、阻害少ない
		千曲川　犀川 河岸段丘：日本最多7段
		高瀬川　糸魚川・静岡構造線
		東電　高瀬ダム（S54）比堆砂量1位：4800m^3/km^2/年
		南相木川　南相木ダム　発電容量2,700MW 1位
		S61破堤：刈谷田川→遊水地計画（6池）
		大河津分水路（S6）約10km　11,000m^3/s

		大河津分水路　堰の老朽化・流下能力不足→改築：H23完成
		分水路は近代土木遺産でもある、本川と魚川に霞堤
		種数 植物・陸上昆虫類1位、オジロワシ
		千曲川 樹林化（アレチウリ）
		海岸侵食
		信濃川 S53水害、千曲川 S57、S58破堤
	関川	源流（新潟焼山）～河口（上越市）
		直轄延長は短い、直轄はほとんど完成堤
		河道拡幅後→下流 河床材料細粒化
		S40水害、H7破堤
	姫川	源流（白馬岳）～河口（糸魚川市）
		直轄延長は短い
		支川浦川流域　稗田山（M44）1.5億m^3崩壊→土砂生産活発、複列砂州
		糸魚川・静岡構造線、霞堤
		H7洪水により13.7m河床上昇
		S44水害
	黒部川	源流（鷲羽岳）～河口（黒部市、入善町）
		山隆起、海沈降→扇状地で海へ突入：臨海性扇状地
		扇状地 約120km^2、平地面積幅最小：65m
		下流も材料大きい 7 ～ 14mm、うろこ状砂州
		流域内年平均降水量1位：3,988mm
		霞堤、舟形屋敷、狭窄部 愛本（13k）
		H3の出し平ダムのフラッシングで高濃度SS（約16万ppm）→H13より出し平ダムと宇奈月ダムで連携排砂
		黒部ダム（S38）年堆砂量3位：95万m^3、比堆砂量2位：3400m^3/km^2/年
		S27水害：破堤、S44水害でも破堤
	常願寺川	源流（北ノ俣岳）～河口（富山市）
		上流は宮川、扇状地で海へ突入
		一部区間 天井川、霞堤
		立山大鳶崩れ（1858）(2.7 ～ 4.1）億m^3崩壊、複列・うろこ状砂州
		水害防備林（堤内：松）、瀬切れ
		S27水害
	神通川	源流（川上岳）～河口（富山市）
		堤防整備率2番目に低い：20%

		東の常願寺川氾濫の影響懸念
		高水敷に富山空港の滑走路
		S33水害、交互・複列砂州
	庄川	源流（烏帽子岳）～河口（射水市）
		扇状地、複列砂州
		S25水害
	小矢部川	源流（大門山）～河口（射水市、高岡市）
		江戸時代 庄川からの流入を分離
		流域内年平均降水量3位：3,242mm
		ベーン工、S28水害
	手取川	源流（白山）～河口（白山市）
		中流 河岸段丘、霞堤
		樹林化、複列砂州、手取川ダム下流で露岩
		S34水害
	梯川	源流（鈴ケ岳）～河口（小松市）
		直轄延長短い、堤防整備率低い
		S43水害、河床に重金属堆積
中部	狩野川	源流（天城山）～河口（沼津市）
		太平洋に注ぐ河川で唯一北へ流れる
		比流量1位（大仁）：12.6m^3/s/km^2
		狩野川放水路（S40）約3km（うちトンネル1km）2,000m^3/s
		狩野川台風（S33）死者・行方不明約850名
	安倍川	源流（大谷嶺、八紘嶺、安倍峠）～河口（静岡市）
		扇状地で海へ突入、全流域が静岡市内
		砂利採取禁止→河床上昇傾向
		大谷崩れ（1530 ～ 1702年）1.2億m^3崩壊、うろこ状砂州
		ダムのない川
		S49水害、霞堤→丘陵につながる二線堤→道路の開口部に陸閘
	大井川	源流（間ノ岳）～河口（焼津市、吉田町）
		臨海性扇状地で海へ突入、最深の駿河湾（2,500m）に注ぐ、鵜山の七曲がり
		A/L^2が最小0.05（羽状流域）
		うろこ状砂州、舟型（三角）屋敷
		中電 畑薙第一ダム（S37）比堆砂量3位：2900m^3/km^2/年
		S57水害、H3水害

菊川	源流（粟ケ岳）～河口（掛川市）
	昔大井川とつながり
	S57水害
天竜川	源流（諏訪湖）～河口（大井川町）
	年間3～4mm隆起（プレート衝突）＋中央構造線横断→比崩壊土砂量1,000m^3/km^2/年以上←土砂生産活発
	開析扇状地→本川に向かって土石流、霞堤
	隆起盆地　横方向から力を受ける、川路・龍江・竜丘地区 土地嵩上げ（H14）←ダム背砂
	佐久間ダム（S31）年間堆砂量1位（234万m^3）→容量振替＝ダム再編
	複列・うろこ状砂州、海岸侵食 中之島砂丘
	S36水害：伊那谷水害
	【課題】洪水疎通能力の不足→佐久間ダム再編（堆砂の減少）により治水能力確保
豊川	源流（段戸山）～河口（豊橋市）
	中央構造線
	豊川放水路（S40）6.6km　1,800m^3/s、霞堤
	S34水害、ネコギギ
矢作川	源流（大川入山）～河口（碧南市、西尾市）
	風化花崗岩：砂河川→一部礫床化、交互・複列砂州
	狭窄部　鵜の首（37k）、水害防備林（堤外）
	明治用水、ネコギギ、オオタカ
	S47水害
庄内川	源流（夕立山）～河口（名古屋市）
	上流は土岐川
	水害被害額2位（1位とほぼ同額）：195億円／年
	左側堤防内（名古屋城側）に粘土コア層
	藤前干潟　ラムサール条約
	S34水害、H12水害：一般資産等水害被害額過去最高
木曽川	源流（鉢盛山）～河口（木曽岬町）
	主要支川 長良川、揖斐川
	基本高水3位（犬山）：19,500m^3/s
	平均年最大流量3位（犬山）：6,200m^3/s
	河床低下顕著、牛類、水害防備林（堤外：松）
	揖斐川　水機構の徳山ダム（H19）貯水容量1位：6.6億m^3

		イタセンパラ、ネコギギ、ヤマトシジミ
		近代土木遺産（木曽川ケレップ水制群）
		S34水害、長良川 S51破堤
	鈴鹿川	源流（高畑山）～河口（四日市市、鈴鹿市）
		山腹崩壊、交互・複列砂州、S34水害
	雲出川	源流（三峰山）～河口（津市）
		霞堤、河口近くで分流、S34水害
	櫛田川	源流（高見山）～河口（松阪市）
		外帯 比流量2位（両郡橋）：$12.3m^3/s/km^2$
		A/L^2が小（羽状流域）、中央構造線
		ギフチョウ、オオムラサキ
		水害防備林（堤外）
		S34水害
	宮川	源流（日出ケ岳）～河口（伊勢市）
		流域内年平均降水量2位：3,243mm
		中央構造線、S49水害
近畿	由良川	源流（三国岳）～河口（舞鶴市、宮津市）
		棲み分け：低地より果樹園→田→畑
		潜り橋、サケ遡上南限
		水害防備林（堤外）
		S28水害
	淀川	源流（粟鹿山）～河口（大阪市）
		主要支川　宇治川（淀川の上流）、桂川、木津川
		A/L^2が最大1.46（放射状流域）、支川数1位
		淀川河床低下→合流三川も低下
		木津川下流 砂河川、瀬田川流域 山腹工1位
		木津川　狭窄部　岩倉峡（57k）、交互・複列砂州
		ワンド、イタセンパラ
		舟運（淀川で水上バス、保津川で観光船）
		年間利用者数＝2,172万人 3位
		S28水害
	大和川	源流（貝ケ平山）～河口（大阪市、堺市）、奈良盆地
		淀川に合流＋天井川→18C初に付け替え
		降雨量少なく、ため池多い
		交互砂州、亀の瀬地すべり
		S57水害

	円山川	源流（円山）～河口（豊岡市）
		堤防整備率最も低い：8%←豊岡盆地 軟弱地盤の沈下、狭隘地区の用地不足
		H16破堤
		伊勢湾台風、コウノトリ
	加古川	源流（粟鹿山）～河口（加古川市、高砂市）
		下流にため池
		S51水害・S58水害
	揖保川	源流（藤無山）～河口（姫路市）
		オヤニラミ、手延べ素麺
		S51水害、畳堤
	紀の川	源流（大台ケ原）～河口（和歌山市）
		中央構造線、上流は吉野川
		紀州流（直線の連続堤）、S28水害
		交互砂州
		イヌワシ、クマタカ
	熊野川	源流（大普賢岳）～河口（新宮市）
		H10以前は新宮川、穿入蛇行、大台ケ原、上流は十津川
		相賀 流量1位：19,025m^3/s（S34.9）→計画高水流量1位：19,000m^3/s
		H23台風12号で最大流量記録を更新した可能性
		平均年最大流量（相賀）2位：6,523m^3/s
		河床上昇傾向、平地面積幅2位：74m
		河原植物
		支川相野谷川 逆流洪水→水門、輪中堤、盛土
	九頭竜川	源流（油坂峠）～河口（坂井市）
		足羽川ダム（流水型）計画中
		九頭竜ダム（S43）貯水容量 直轄で2位：3.5億m^3
		オオタカ
		S28水害、H16 足羽川破堤
	北川	源流（三十三間山）～河口（小浜市）
		S28水害、霞堤
		取水堰多い、スナヤツメ
中国	千代川	源流（沖の山）～河口（鳥取市）
		A/L^{2}が大（放射状流域）、流し雛
		河口から4km区間 直線化→河口付け替え

		S54水害
	天神川	源流（津黒山）～河口（湯梨浜町、北栄町）
		A/L^2大（放射状流域）
		S9水害・S34水害
	日野川	源流（三国山）～河口（米子市、吉津村）
		かんな流し→土砂生産
		S9水害、オオサンショウウオ
	斐伊川	源流（船通山）～河口（境港市）
		昔西の神西湖を経て海へ
		かんな流し→天井川 砂河川、うろこ状砂州
		斐伊川放水路（H25完成）13.1km、2,000m^3/s分流
		S47水害、シジミ
		課題 大橋川拡幅←宍道湖の水はけを良くする ：下流住民 流量増の懸念、鳥取県知事 調査同意
		種数 魚類1位
	江の川	源流（阿佐山）～河口（江津市）
		三次盆地、水害防備林（堤外）
		国に関係する最初の最高裁判決 馬洗川
		鵜飼い、種数 植物2位
		S47水害
	高津川	源流（吉賀町）～河口（益田市）
		ダムのない川、昔益田川と合流
		牛類（聖牛）→洪水により流失、S58水害
	吉井川	源流（三国山）～河口（岡山市）
		津山盆地
		枕崎台風（S20）
	旭川	源流（朝鍋鷲ケ山）～河口（岡山市）
		津山盆地、水害防備林（堤内：ケヤキ）
		岡山城を迂回するため、河道屈曲→氾濫→百間川放水路（奈良時代の旭川）
		かんな流し→土砂生産
		S47水害、室戸台風（S9）
		【課題】中の島の流下能力阻害、旭川から百間川への分流、河口水門の流下能力増
	高梁川	源流（花見山）～河口（倉敷市）
		複列砂州

		枕崎台風（S20）
	芦田川	源流（世羅台地）～河口（福山市）
		放水路（S42）9km 4,000m³/s、4mの干満差
	太田川	源流（冠山）～河口（広島市）
		S47水害、オオサンショウウオ
		河口堤防はもともと干拓堤防、放水路の中間地点より下流は江戸時代以降の干拓地
		太田川放水路：9km、4,000m³/s（S42）
	小瀬川	源流（鬼ケ城山、羅漢山）～河口（和木町、大竹市）
		堤防整備率3番目に低い：21％
		ルース台風（S26）
	佐波川	源流（三ケ峰）～河口（防府市）
		S26水害、霞堤
四国	吉野川	源流（瓶ケ森）～河口（徳島市）
		洪水流量3位（岩津）：14,470m³/s（S49.9）
		基本高水1位（岩津）：24,000m³/s
		計画高水2位（岩津）：18,000m³/s
		平均年最大流量1位（岩津）：7,069m³/s
		狭窄部 岩津（40k）、中央構造線沿い・横断
		南側 破砕帯地すべり（三波川変成帯）、交互砂州
		水害防備林（堤外）、潜り橋、狭窄部（岩津）
		種数 は虫類1位、ウナギ
		S36水害・S51水害
	那賀川	源流（剣山）～河口（阿南市）
		上流多雨地帯、A/L^2が小（羽状流域）
		長安口ダム 堆砂、交互砂州
		ジェーン台風（S25）
		種数 魚類2位
	土器川	源流（竜王山）～河口（丸亀市）
		中上流 砂礫河原
		ため池、ハクセンシオマネキ
		S24水害、霞堤
	重信川	源流（東三方ケ森）～河口（松山市、松前町）
		河床上昇傾向、砂防ダム群 ほぼ満砂←土砂生産活発
		交互・複列砂州、瀬切れ、霞堤
		泉 魚類の産卵・避難場所

		S51水害
	肱川	源流（鳥坂峠）～河口（大洲市）
		山地勾配緩い→盆地で氾濫 河口は峡谷
		水制（ナゲ）、水害防備林（堤外）
		H7水害、鵜飼い、潜り橋
		肱川あらし　放射冷却により発生した霧が海へ流れ出す：10 ～ 3月の朝
	物部川	源流（白髪山）～河口（香美市）
		直轄延長は短い、河口に中洲、交互砂州
		多雨地帯、下流も急勾配
	仁淀川	源流（石鎚山）～河口（高知市、土佐市）
		支川宇治川 逆流洪水→新宇治川放水路（H19）2,587m（トンネル2,365m）ϕ7m 1/1000 55m^3/s 周辺地下水低下
		二重堤防（八田）、水害防備林（堤外）
		交互砂州、ウナギ
		S50水害
	四万十川	源流（不入山）～河口（中村市）
		H6以前は渡川と呼ばれた（水系名は現在でも渡川水系）、穿入蛇行、A/L^{2}小
		洪水流量2位（具同）16,000m^3/s（S10.8）
		伝統漁法、アカメ、ウナギ、アオサノリ
		S38水害、潜り橋
九州	遠賀川	源流（馬見山）～河口（芦屋町）
		流域人口密度650人/km^2　九州1位
		炭田地帯の地盤沈下による土地・建物の復旧→鉱害復旧事業
		S28水害
	山国川	源流（英彦山）～河口（中津市、吉宮町）
		耶馬渓、石橋
		S28水害
	筑後川	源流（瀬の本高原）～河口（柳川市）
		河床低下顕著、水刎ね
		近代土木遺産（筑後川導流堤）
		S28水害
	矢部川	源流（三国山）～河口（柳川市、みやま市）
		水害防備林（堤外：クスノキ）
		S28水害、水刎ね

	松浦川	源流（青螺山）～河口（唐津市）
		S28水害
	六角川	源流（神六山）～河口（白石町、小城市）
		有明海の干満差6m、感潮29km
		細粒土でガタ形成：含水比高く、流動化しやすい
		河道横断形　河口ほど皿型（含水比高く、粘性度小）、それより上流で逆三角形
		軟弱地盤で築堤困難、ガタ土で河道掘削の効果少ない
		S28水害、牟田辺遊水地
	嘉瀬川	源流（金山）～河口（佐賀市）
		S28水害、石井樋、水害防備林（堤外）
		成富兵庫茂安：二重の堤防、横堤、乗越し、水制
		バルーンフェスタ、カササギ
	本明川	源流（五家原岳）～河口（諫早市）
		直轄で流域面積が最小（87km^2）、流路延長が最短（21km）
		直轄延長は短い、眼鏡橋
		諫早水害（S32）
	菊池川	源流（尾ノ岳）～河口（玉名市）
		S28水害、装飾古墳
	白川	源流（阿蘇山）～河口（熊本市）
		計画高水流量にヨナ分10%含み
		S28洪水で高濃度SS（8万ppm以上）
		下流 天井川、上流 ベーン工
		立野ダム（流水型ダム）計画中
	緑川	源流（向坂山）～河口（宇土市）
		S28水害、桑鶴の轡塘（加藤清正 遊水地）
		上流域に通潤橋
	球磨川	源流（銚子笠）～河口（八代市）
		下流も材料大きい　下流でも平均4cm：15kで特性変わる
		日本三大急流
		ベーン工、アユ、ウナギ
		連年水害 S38 ～ 40（特にS40水害）
		【課題】川辺ダム問題
	大分川	源流（由布岳）～河口（大分市）
		S28水害

	大野川	源流（祖母山）～河口（大分市）
		直轄区間はほとんど完成堤
		S28水害、高田輪中、ベーン工
	番匠川	源流（三国峠）～河口（佐伯市）
		四大井路（用水路）
		S18水害
	五ヶ瀬川	源流（向坂山）～河口（延岡市）
		北方町 氾濫に伴う浸水深3.5m（H17）
		S29水害、畳堤（延岡市）
	小丸川	源流（三方岳）～河口（高鍋町）
		S29水害、ミズキンバイ
	大淀川	源流（中岳）～河口（宮崎市）
		直轄延長短い
		S29水害、アカメ
	川内川	源流（白髪岳）～河口（薩摩川内市）
		S47水害、以前は水害に対して棲み分け
		鶴田ダム 洪水調節容量4,700→7,500（S48）→9,800万m^3（H20～） 700 2,200 2200m^3/sカット
		ダム関係の最初の最高裁判決 鶴田ダム
		狭窄部 永山（91 ～ 93k）
		チスジノリ
	肝属川	源流（高隈山地御岳）～河口（肝付町、東串良町）
		上流は鹿屋川、シラス台地
		S13水害、シラスウナギ
		鹿屋放水路

Memo

Memo

Memo

Memo

著　者　略　歴

末次 忠司（すえつぎ ただし）

1982年　建設省土木研究所河川部総合治水研究室研究員
1988年　建設省土木研究所企画部企画課課長補佐
1990年　建設省土木研究所企画部企画課課長
1992年　建設省土木研究所河川部総合治水研究室主任研究員
1993年　建設省土木研究所河川部都市河川研究室主任研究員
1996年　建設省土木研究所河川部都市河川研究室室長
2000年　建設省土木研究所河川部河川研究室室長
2001年　国土交通省土木研究所河川部河川研究室室長
2001年　国土交通省国土技術政策総合研究所河川研究部河川研究室室長
2006年　財団法人ダム水源地環境整備センター研究第１部部長
2009年　独立行政法人土木研究所水環境研究グループグループ長
2010年　山梨大学大学院医学工学総合研究部社会システム工学系教授
2012年　山梨大学大学院医学工学総合研究部附属国際流域環境研究センター教授

主　な　著　書

末次忠司『図解雑学　河川の科学』、ナツメ社、2005年
末次忠司『河川の減災マニュアル』、技報堂出版、2009年
末次忠司『河川技術ハンドブック』、鹿島出版会、2010年
末次忠司『水害に役立つ減災術』、技報堂出版、2011年

もっと知《し》りたい川《かわ》のはなし

2014年6月20日　第1刷発行

著　者　末次《すえつぎ》　忠司《ただし》
発行者　坪内　文生
発行所　鹿島出版会
104-0028　東京都中央区八重洲2丁目5番14号
Tel. 03（6202）5200　振替 00160-2-180883

装幀・DTP：有朋社　　印刷・製本：三美印刷

ISBN 978-4-306-09435-2　C0040　　Printed in Japan

本書の内容に関するご意見･ご感想は下記までお寄せください。
URL：http://www.kajima-publishing.co.jp
E-mail：info@kajima-publishing.co.jp